猴 面 包 树

BRITT FRANK

THE SCIENCE OF STUCK

卡　住　的　艺　术

[美] 布里特·弗兰克　著　　于翠红　贾广民　译

浙江教育出版社·杭州

推荐序

年少时，交个朋友多简单啊，就如那首儿歌所唱："敬个礼，握握手，你是我的好朋友。"长大以后，交友却似乎变成了一件让人感到别扭的尴尬事，大家都更少主动与某人交好了。是啊，在大家都没有表示出交友的意愿时，又有谁会自降身份、冒着惨遭拒绝的风险去问另一个成年人："你愿意和我做朋友吗？"我敢肯定，鲜少有人会这么做的。因为这会立马让你变得"卓尔不群"，另类而又扎眼。设想一下孩子初到一所学校，看到周围满是陌生面孔时的那种感觉吧！

几年前，一次偶然的机会，我在梅雷迪斯·阿特伍德(Meredith Atwood)的节目《同样的24小时》(*The Same 24 Hours*)中听到了布里特的声音。这段播客采访让我忍不住笑出了声。其中的观点也让我佩服得点头如捣蒜，有好几次我甚至脱口而出"我的天啊！"这位机智幽默、思虑周全、不拘小节、心直口快的心理治疗师究竟是何方神圣？我真想和她做朋友。

倘若当时有《卡住的艺术》这本宝藏图书就好了。如此，我就能从中找到安慰和指引，只可惜事与愿违。于是，我在照片墙(Instagram)上给布里特发了一条傻乎乎且幼稚的私信。

幸亏我面对的是布里特，她有能力在3秒钟内消除社交媒体中的“中学食堂”（注：如前提到的主动交友的尴尬）尴尬，因为她打心眼里赞同阿尔伯特·埃利斯（Albert Ellis）的那句古怪言论——人人都很糟糕，人人都会犯错。要知道，尽管大家都认同阿尔伯特·埃利斯是位伟大的心理学家，但喜欢他这句话的人却是掰着手指头都能数得过来的。

转眼间，我们就快认识两年了。现在布里特不仅是我可亲可敬的同事，更重要的一点是，她还成了我的闺蜜。

你可能已经注意到了，人类有些行为真挺让人抓狂的。明明知道该做什么，却偏偏不做，而且还时不时地为这类问题烦躁不已。当然，像这种人类的矛盾之处，也不是什么新鲜事，人们早已见怪不怪了。

早在2000年前，有个名叫扫罗的犹太人在给罗马人的信中写道：“我真搞不懂自己。因为我总是做那些让我感到讨厌的事，却偏偏不做我想做的事。”末了，他又说了一句特别容易引起共鸣的话：“我只有做正确事情的愿望，但缺乏执行它的能力。”窃以为扫罗一针见血地指出了人类共同的症结所在。

大概，卡住的关键特征就是上述这些激烈的思想斗争吧。但是，正如快乐的体验一样，用隐喻定义卡住的状态应该更便于人们理解（没错，在本书中，布里特会向你展示，行为科学家是如何闯入语言艺术的海域，并使用隐喻掀起了狂风巨浪的）。发展心理学家、哈佛大学教授罗伯特·凯根（Robert Kegan）博士认为，“卡住”的状态恰如一个人同时踩下了“油门”和“刹车”。想想看，这是一种什么情况：一只脚踩在油门上（你的意愿），另一只脚却踩在刹车上（反其道而行之）。

我们正踩下油门，希望汽车开往前方，然而踩下刹车却使汽车纹丝不动。这是何等的无奈与煎熬！

如果你正在看这本书的话，我想你应该很希望知道到底是什么造成了这种前进不得、后退不能的状态吧。我再大胆猜测一下，你是不是已经做好准备，从旋转木马一跃而下，或者早已逃离那个“游乐园”了呢？

恭喜你，那个指引你走向正确出口的向导已经在你身侧了。

布里特·弗兰克会充分发挥其坦率、人道和幽默之能事，为你揭开创伤产生的层层面纱，帮助你找到卡住的原因（提示：根本就不是你想的那样！），预测你还会在哪些事上再次被卡住（提示：回家过节时一定要记得把这本书带上哟），以及如何给那些卡住的“关节”上油从而解除卡定[1]的状态（注意：每章都附有实操练习）。

不管怎么说，我要为你直面问题的勇气点赞。既然你

1 指被卡住。——编者注

有勇气承认生活中的某一领域出了岔子，致使你不停地在原地打转，那么我就该义不容辞地告诉你本书的内涵所在。本书虽不能保证你一下子就能做出改变，但它一定会鞭辟入里、毫不留情地直指你的症结所在。只有把歌舞伎舞台上的“三色幕”扯下来，你才能看到那个黏糊糊、脏兮兮的陀螺到底长什么样。这听起来很有趣吧。但是，实践起来可能没那么有趣。不管怎样，重要的是卡定即将解除！

如果你真的烦透了整天被卡住的生活状态，那就别傻站着了，赶紧追随布里特的脚步，跟她一起学起来吧。她给你的心理良药能令你的精神状态“起死回生”、康复如初。我再补充一点，这一心理良药可是布里特几十年如一日地在她的“生命实验室”中亲力亲为研发出来的。对于我们而言，这无疑是个天上掉下的大馅饼。

从本质上说，从摇篮到坟墓的每个发展阶段（是的，即使已经长大成人，我们也处在发展阶段中），人们心中都有两股相背而行的内驱力持续不断地进行交锋：追求安全的自我保护力和谋求发展的自我改造力。这种存在于防御和进攻、限制和突破之间的张力，从本质上讲，就是内心深处希望的外在表现形式。假如人人都不敢越雷池一步，固守着自己眼前的一切，久而久之就会被卡住，那就真的没有希望了。相反，倘若人人都能够释放自我，崇尚极限，追求无止境的个人发展，那压根儿也就不需要希望了。

本书不仅会为那些被卡得喘不过气来的人带来希望和曙光，还郑重宣告：直面自我保护和自我发展之间的交锋，积极应对由此产生的张力，唯此，方能成就一个个充满希望的鲜活个体。

亲爱的读者朋友，在你翻开下一页之前，我希望你能承诺并遵循布里特·弗兰克给予的饱含仁慈与智慧的指导。时刻牢记，无论境况多么惨淡恶劣，你在，希望就在。冬日愈寒，傲立枝头的梅花才会愈香、愈艳。

——萨莎·海因茨（Sasha Heinz）

美国宾夕法尼亚大学积极心理学博士、发展心理学家和教练

自序

《卡住的艺术》是一本指导手册，书中提及的学术研究、行业故事及个人经历全部源于生活中的真实案例和趣闻逸事，经由我的“镜头”再呈现给各位读者。这是我—— 一个受教于西方文化并凭一己之力赢得了一定社会地位的现代女性——眼中的世界。活在当下，每个人都会因这样或那样的事情而陷入困境。但本书更适合那些生活方式有得选、安全情况有保障且手握一定资源的人，而“不”适用于被虐待、压迫、奴役，或患有严重和慢性的精神疾病，以及处于权力差异或系统性种族主义等情况。别再听信那些所谓“审视自己的自言自语”或“通过改变想法来改变情绪”之类的“心灵鸡汤”了，这些说法无法帮助你。一般来说，只有当你置身安全的环境中且可以自由做出选择时，“掌控你的思想”这一建议才能奏效。

请不要将书中的内容单纯地视为心理疗法，更不要将其当作替代疗法。本书介绍的工具和训练方法并非具有放之四海而皆准的普适性，因此大家要根据所处的文化环境、情境和个人情况斟酌使用。比如，第七章是以父母/照顾者有能力管控自己为前提的，并不适用于所有情况，且其内容属于现代西方文化范畴。还有，本书提到儿童有时可能需要承担成人应负的责任，但这也取决于文化传统、社会经济环境和许多其他因素。需要特别声明，本书不关注也不适用于那些因性别、性或社会不平等而“被卡住”的情况。

敬请读者朋友观照自身，对书中内容各取所需。心理因素固然是导致身体欠佳的常有诱因，但在把责任归咎于它之前，最好先找专业医疗人士把把脉。如果你已经开始接受药物治疗了，那么尽量不要停药，除非你的“一举一动”都在合格的专业医疗人员的监督之下。如果你眼下正对某种化学制品上瘾，那么还是求助于医疗看护吧。要知道，在没有医疗监督的情况下强行戒除某种药物或酒，很可能会将自己置于危险境地，严重者甚至危及生命。毕竟，本书提供的信息虽有助于行为模式的改善，却不具有让那些上瘾的物质自动从体内消失的法力。如果你或你认识的人的一些行为会对自己或他人造成威胁，还是先把这本书放一放，赶紧去接受治疗才对，因为你们的情况已经危急到大大超出本书所关注的范围了！

《卡住的艺术》涵盖很多话题，包括精神疾病、虐待、亲密伴侣暴力、性创伤、悲伤、药物成瘾、饮食失调，以及其他一些常见的内容。

目录

引言

如果大脑结构简单到我们可以理解，那么我们将笨到无法理解。

——爱默生·M.皮尤（Emerson M. Pugh）

忙碌的工作日终于结束了。工作也完成了。孩子们（如果有的话）也都上床睡觉了。该做的都做完了。你终于迎来了一个真正属于自己的夜晚！你不是一直想开启夜间锻炼模式吗？现在，机会终于来了。出去小跑一会儿吧！可是，你却窝在沙发里，没完没了地“煲”起了你最爱的那部剧，自始至终都没挪地方。

也许，你一直渴望事业有成的满足感，于是希望可以另谋高就。毕竟，当前的工作对你而言已经驾轻就熟，实在没有太大发展空间了。经过多年打拼，生活趋于安定、衣食无忧，为避免接踵而至的事业瓶颈期，是时候努把力，找份新工作，再前进一步了！心里虽这么想，但实际上呢？你做的却是另一套。你看，尽管早就难以有所突破，也难以从中获得经济或技术上的额外回报，你不还是日复一日地在那份旧工作上消磨着时光嘛！你没有前进的动力和目标，终日昏昏沉沉、得过且过。

或许，你卡在了一段“有毒”的关系中；或许，你卡在了是要美食还是要身材的矛盾中；或许，你卡在“我应该”之类的不断反复的自我评判的漩涡中；或许，你卡在不断加码的家庭压力中；又或许，你卡在“要做之事”和“实际所做之事”相悖的窘境中，无力摆脱，最后不得不向现实缴械投降。你是否觉得自己就像是点缀在圣代上方的那颗摇摇欲坠的樱桃呢？极大可能，你会将所有问题的源头都归咎于自己身上。

记住！你并不懒惰，也很清醒，更谈不上疯[1]了。你身强体壮，没有缺胳膊少腿，也不缺乏意志力。别管你心里那个絮絮叨叨的“批评家”整天嘟囔着什么，你不存在动机问题。在你搁置的那些自我保健计划、待办事项清单和日常目标背后，还潜藏着影响你的其他东西。你前进的道路也远比你想象的简单清晰。

为什么要相信我？

尽管我现在的生活看起来就像挂在墙上装点门面的干干净净的纸（如红木框架装裱的某知名高校颁发的学位证书）一样，我曾经一度可是名副其实的“糟糕王国”的女王陛下。维基百科上我的一张老照片很可能会让你大跌眼镜。照片拍摄于我当时居住的洛杉矶市中心公寓。当时，我全然无视墙壁上恶心的霉菌（还有家中那窜来窜去的老鼠），贪婪地吸着香烟，嘴里还冒出阵阵白色烟雾。想不到吧。那时，我刚从一段要命的情感关系中抽身而出，还没缓过神来，满心惊慌失措、抑郁消沉。

我深知那种被卡住的感觉。从杜克大学毕业后，我没有继续深造，而是临时找了一份广告公司的工作。可惜我一身高超的工程操纵本领，在这份工作中毫无用武之地。更要命的是，我压根儿就不喜欢这份工作。那时我的生活中没有美食、祈祷和恋爱，而是烟草、痛哭和放纵。我患上了厌食症，离不开维柯丁（一种令人上瘾的药物），迷恋甜食，沉溺于《美国周刊》（*Us Weekly*）的精神鸦片，见一个爱一个，向人示爱却惨遭拒绝。我痛不欲生，努力想挣脱这一切。

我尝试了冥想、瑜伽、断食、药物等疗法，也做过傻白甜和心机女、实诚人和伪君子。总之，能试的我都试了。

尽管如此，我依然被卡得喘不过气来。

在一个互助小组中，我第一次看到了可能发生转变的那丝微弱光芒。那天晚上，我躺在地板上一把鼻涕一把泪地嚎啕大哭。这时，一位好心的辅导老师把手放在我的肩膀上，在我耳边轻言道："布里特，没事的，哭出来吧。"这句看似稀松平常的话，却为我开辟出一条新的道路，引领我踏上了长达十年的发现之旅，去溯源、洞悉我们的所作所为及其背后的动因。

这个动因究竟是什么呢？既然被卡住，那肯定是有原因的，但绝不是懒惰所致。我们常常认为心理健康就是一个心理过程，其实不然。心理健康是一个生理过程。对于大多数人而言，最可怕的病症不是心理疾病，而是身体有什么异常变化。当我试着去关心、了解自己的身体反应时，一段时间后，惊喜地发现自己的生活面貌竟然焕然一新了。之前那些边缘型人格障碍、双相情感障碍、临床抑郁症和饮食失调的症状几乎都消失了。随着那个一直困扰我的卡定模式土崩瓦解，我又恢复到了生命初始的样子。最终，我回到了研究生院，并考取了心理治疗师资格证。如果你在财务方面遇到障碍、不满意自己的体形、相貌，或者罹患某种疾病，抱歉，本书对这些问题并无奇效，但它会告诉你，我是怎么被卡住又是如何解除卡定的。既然我能做到，那你也可以！

为什么要读这本书？

估计你的床头柜上已经堆了厚厚一摞书了吧。可是，知识的海洋浩渺无边，跋涉其中可能非但不能减轻压力，反而会给你那早已不堪重负的系统带来更多负担。好在，现在你不必这么辛苦了，因为我已在本书中荟萃了很多书本中的精华，帮你弯道超车、倍速前进。接下来，我们将搭乘这艘快艇，围绕人际关系、行为习惯、动机刺激、拖延和破防等话题进行一次水上旅行。虽然将有固定作用的锚抛入深渊也可能会使旅途的乐趣倍增，但提供正确有效的航行地图，帮你乘风破浪、走出困境才是本书的初心。

本书每章的末尾都附有一些简单易行的小任务，用不了5分钟就能完成，建议大家做做看。在此之前，还要郑重提醒大家：文中提到的工具和技术都是以食物充足、住所安全、资源获取有保障为前提的。人们卡住的原因形形色色、千奇百怪。那些由于别无选择或不堪忍受每况愈下且持续不断的精神疾病、系统性种族主义、社会不平等、父权压迫、代际贫困（或称“世袭贫穷”）和极端创伤等而导致的卡住现象，不在本书的考虑范围之内。

如何使用本书？

还记得你是如何阅读《惊险岔路口》（*Choose Your Own Adventure*）系列儿童书的吗？对，本书也是一样的，不需要从第一页开始，一股脑看到最后一页。你自己来决定故事将如何展开就好。这样的话，每次坐下来阅读时，你都会获得一种全新的体验。由于我本人就不喜欢从头到尾、规规矩矩地阅读，因而在这本书的设计上，也采用了比较独特的结构，读者可以按照任何想要的顺序阅读。在此，我给大家推荐3条路径，保你不管选择哪条，都能收获满满。

路径1：“我完全没时间。”

你不必读完整本书。直接选择吸引你眼球的主题，或者直接跳到每一章的末尾，那里有1个“重点精华”，1个“行为准则”，以及随时可以开始的“5分钟挑战”。阅读本书时，你还会发现有一些注释，鉴于时间不足，跳过即可。

路径2：“我很想了解更多，但时间不够。”

如果你存在严重的拖延症，那就跳过家庭部分，直接阅读第三章，看看与动机有关的“神话”。假如你有几个真心朋友，却不能戒掉购物上瘾或暴食，那就读读第八章，了解一下与习惯和上瘾有关的知识。也就是说，重点阅读与你相关的内容，其他内容大可粗略地翻阅一遍，但有必要看一下每章末尾的总结和练习。注释姑且先放到一边，有时间的话不妨再细品一二。

路径3：“我有时间，告诉我一切。”

按照自己喜欢的顺序通读所有章节，完成所有的“5分钟挑战”。阅读时常备荧光笔、钢笔和日记本，方便随时写写画画。注释里涵盖一些有趣的事实和随想，尽可能读一读吧。如果你发现注释很容易让你分心，可以先把整本书啃一遍，然后再回过头来品味这些遍布全书的“思维零食”。

科学，还是伪科学？

你知道得越多，就越知道我们其实“一无所知”[2]，这是一条举世公认的真理。[3]例如：

- 闪电会连续两次击中同一个地方。
- 鸵鸟并非为了躲避捕食者才将头埋进沙子里。
- 北极星并不是夜空中最亮的星。
- 蝙蝠不是瞎子。
- 冥王星不是行星。

噢。

19世纪的时候，一群医生们联合起来共同抵制一名同事，原因很奇葩。只因这名同事当时提出，洗手可以降低医院患者的死亡率。[4]以前，你在网上搜索“地球上最大的生物”，出来的结果可能是蓝鲸——当然，我们现在知道事实并非如此。截至本书撰写之时，地球上最大的生物其实是美国俄勒冈州的一种被称为“奥氏蜜环菌”(Armillaria ostoyae）的蘑菇，它还有另一个称号，叫作“巨型真菌”。

这对你意味着什么？

谈到人们是如何理解情绪、行为和意识的，没有人能信誓旦旦、确信无疑地告诉你：“大脑就是这样工作的。”毕竟，当前人们对于大脑这个复杂系统的运作机理知之甚少。著名科学家卡尔·萨根（Carl Sagan）曾写道：“天文学研究一直被人们视为对性格和意志的磨炼，因为只有从事天文研究的人，才会真切地意识到自己在浩渺的宇宙中是何等渺小。”[5]神经科学研究何尝不是如此？人们大脑中的细胞数不胜数，其复杂程度不亚于那团团星宿，也正是这些“点点繁星”，将我们大脑中的“银河系”打扮得绚烂而美丽。

不管遇到什么问题，我们都希望能有一个盖棺定论的科学解释。但很显然，这只是我们的一厢情愿。不过，本书推荐的所有信息和工具都是经过我和我的咨询者切身检验的至臻之选，经过精心策划与汇编，旨在最大限度地帮助诸位。考虑到每个人的情况不一样，在此奉劝大家对症下“药”，千万别把它当作适用于万事万物的理论拿来就用，而要区别对待不同的情况。

免责声明

变化是科学的常态，即使发生改变，科学也不会专门告知我们一声。当就某一问题不能达成共识时，双方研究人员都可以借由研究报告来证明自己的观点，甚至是证明所有事情。正因如此，科学的好坏不易区分。一般情况下，某一观点的拥趸和批判者之间的唇枪舌剑会引发灾难性后果。我可不是在故弄玄虚，这样的例子比比皆是：如辩论全球变暖是否真实，辩论疫苗是否可以救命。那么，当陷入这类问题的争论之中时，我们该如何处理呢？有个非常有用的方法，即问问自己："相信这个观点或尝试这个练习会对自己或他人造成伤害吗？"作为一名心理治疗师，我喜欢简洁、纯净的学术理论，也从中获得了很多启发，但实践过程受多种因素影响，更像是一场混战，让人分不清这些因素是友是敌。

本书设想：

◉当处于"逻辑模式"时，你会感觉自己就是那个坐在大脑驾驶座上的司机，正驱车驰骋在思维的阳光大道上，一切尽在你的掌控之中。

◉当处于"情绪模式"时，虽然车子仍在风驰电掣地行进，但你却被反锁在了汽车的后备箱里。更可怕的是，这辆车没有刹车装置。

◉你的个性不是单一的存在，而是很多元素的组合。

◉你有能力改变你的“思维”方式（当然，你得具备做出选择的可能性和意愿，同时也得掌握一定资源）。

◉你有能力改变你的“行为”方式（当然，你得具备做出选择的可能性和意愿，同时也得掌握一定资源）。

情绪疗愈既是一个艺术/创造的过程，也是一个现实/科学的过程。奥森·斯科特·卡德（Orson Scott Card）曾写道：“隐喻的奥秘在于用最简练的文字表达最丰富的道理。”因此，本书在说明问题时也大量使用隐喻，请大家不要按照字面意思去理解，包括：

◉**生存脑**[6]：可不是解剖学的字面描述哦。

◉**边缘系统**：人们一直认为情绪存在于一个特定的生理区域，但神经科学最近的发现推翻了这一观点。

◉**硬连接的大脑**：这不是字面意义上的“硬连接”，而是指大脑天生就是一个不断变化和进化的网络。

◉**打开和关闭大脑的开关**：如果我们的大脑中有明确标记的电路和开关，那么出问题时我们好像更需要大脑电工，而非治疗师、教练或书籍。

在通俗文化中，尽管缺乏科学性，但有个隐喻似乎很常见，它声称人脑有一部分为“蜥蜴脑”（lizard brain）。这来自某一过时的理论，即大脑是一个三层蛋糕，底层是蜥蜴脑，也称“生存脑”（survival brain），中间层为情绪脑（emotional brain）[7]，顶层是执行脑（executive brain），也叫“理性脑”。神经科学家现在告诉我们，大脑不是一个三层蛋糕，而是一个单一网络。研究表明，情感是个人经历的产物；它们既不是大脑预先编程的结果，也不局限在大脑的某一特定位置。[8]

科学和隐喻，到底哪种表达方式好呢？我们不妨比比看！你更喜欢下面哪一种说法？

1. 这些进展催生了腹侧纹状体苍白球和杏仁核延伸部的概念，从而改变了我们对基底前脑功能解剖组织的看法。目前还未发现与之一致的边缘系统模型。

2. 你生气时，有时会感觉有个开关键在你脑海中闪烁，促使你按下去，告别逻辑的大脑，拥抱愤怒的大脑。

你该不会真的以为，有一只恶魔蜥蜴在你的大脑底部，指挥你去给前任发短信或对孩子大喊大叫吧？[9]如果你不清楚什么是蜥蜴脑理论，不妨看看喜剧演员埃莱扎·施莱辛格（Iliza Shlesinger）关于“派对妖精”（party goblin，比喻想去参加派对的冲动）的片段。她说：“你的派对妖精就睡在你的大脑后面……你要是说，‘好想去喝一杯啊’，那就会把它吵醒。”那么，“派对妖精”是个颠扑不破的科学真理吗——这很重要吗？我已经指导了不少客户观看施莱辛格的这段视频，因为特别搞笑、十分接地气，而且最重要的是，很有帮助。

我曾陷入性功能障碍和药物成瘾的深渊，所以我深知，通俗易懂的语言和简单可行的方法对于那些亟须被解救的人有多重要。其实当时我最需要的就是现在你们手里的这本书：一个曾堕入深渊的人是依靠什么办法得以重见天日的？我在这本书里都告诉大家了。请你们观照自身，各取所需。这些补救措施可以在处理亲密关系、友谊、习惯和拖延症方面助你一臂之力。卡住不是你的必选项。我的治疗师曾提醒我：“威廉·詹姆斯（William James）探讨激进经验主义时说过，真实的才是有效的。当你谈论如何让心情积极向上时，关注你的真实情绪才是真正重要的。”

你已经读到这里了。真为你感到高兴！希望你能在阅读接下来的文字时转变思想，直面那些让你感到羞耻的过往。我希望你跟自己好好说说话，让你大脑中的战争停火。如果你因为“其他人情况比你更糟”而对自己的情况感到内疚，记住：换个视角可能有助于问题的解决，但与他人比较则不然。你有生存的权利。你有权在这个星球上拥有一席之地。生气时你有权怒发冲冠；害怕时你有权心惊胆战；受伤害时你有权肝肠寸断。当然，你也有权为生活中的小确幸喜笑颜开，有权体会那种“此心安处是吾乡”的轻松和惬意。

让我们一起开始“解卡之旅”吧！

1 从生物学的角度来说，“疯”（crazy）这个词并不准确，因为压根就不存在“疯”掉的人。罹患心理疾病或出现不良心理症状并不意味着某人“疯”了。本书中的“疯”是一个隐喻，指那些难以言表的强烈感觉/症状。

2 转述自亚里士多德的原话：“你知道的越多，不知道的也就越多。”

3 改编自《傲慢与偏见》（*Pride and Prejudice*）中的第一句，即“有钱的单身汉总要娶位太太，这是一条举世公认的真理”。

4 伊格纳兹·塞麦尔维斯（Ignaz Semmelweis）医生关于洗手的主张切切实实地惹恼了他的同事们。他们不喜欢这样的指责：那双闪闪发光治病救人的手在接触病人之前需要多多清洁。塞麦尔维斯医生受到霸凌，精神崩溃，最终死在了疯人院。这种抵制文化（cancel culture）已然不是什么新鲜事了。

5 这句话出自卡尔·萨根所著的《暗淡蓝点》（*The Pale Blue Dot*）。他从一张名为“淡蓝色点”的地球照片获得灵感。如果你也需要点儿灵感，请查阅相关视频。

6 严格来说，生存脑可以被称为保护脑，因为大脑除了对威胁作出反应外，还对机遇和新信息作出反应。生存脑，是指大脑对任何感知到的能量需求的反应，而不仅仅是生死攸关的威胁。

7 我将继续使用“情绪脑”（emotional brain）和“边缘系统”（limbic system）这两个词，因为“limbic”一词来自拉丁语，与“边缘”或“边界”有关。也许没有一个确切的边界来划分大脑中的“情绪脑”，但有谁从未感到过紧张和失智呢？

8 没有解剖学标准来界定哪些组织属于“边缘系统”，哪些不属于。

9 截至2020年，大多数神经学家不再支持这样的观点，即我们的生活是由与生俱来的本能支配的。这种本能会自动对特定的触发条件做出反应，从而产生特定的情绪、面部表情和身体感觉。

第一章

焦虑，具有超能力
没有焦虑，我们就会被卡住

疯狂不全都是崩溃，疯狂也可能是突破。

——罗纳·大卫·莱恩（Ronald David Laing）

当汽车仪表盘上的引擎故障指示灯亮起时，你就会立即意识到是时候下车检查引擎盖下的发动机了。故障指示灯本身并不存在问题，灯亮只是一个信号，说明有故障存在。强行摆脱焦虑，就如同试图关闭汽车的引擎故障指示灯一样，结果可能会适得其反。有时候，焦虑是一种疾病，必须先用医学的方法加以干预，然后才能考虑其他可能的疗法。如果此时你正在阅读这本书，你的焦虑可能只是一个“故障指示灯”，虽然它令你惶恐不安、忧心忡忡、如坐针毡，但焦虑实际上拥有一种超能力，具有突破时间限制、直抵云霄、入地穿墙的本领。长期以来，我们大多数人视焦虑为敌人，但本章将教你如何以一种全新的方式看待它。

当各大心理学媒体的头版头条都在讲述一个故事的不同版本时，你会选择相信其中的一个。为什么呢？

等到研究成果通过迷宫般错综复杂的出版过程公之于众时，它或许已经滞后了10年之久。这就是为什么我们很少能从主流媒体上获得最新信息的原因。神经科学领域业内大咖的著作，如巴塞尔·范德考克（Bessel van der Kolk）博士的《身体从未忘记》（*The Body Keeps the Score*）、史蒂芬·波格斯（Stephen Porges）博士的《多层迷走神经理论口袋指南》（*The Pocket Guide to the Polyvagal Theory*）、彼得·莱文（Peter Levine）博士的《唤醒老虎》（*Waking *the Tiger*）和帕特·奥登（Pat Ogden）博士的《创伤与身体》（*Trauma and the Body*），他们基于大量数据得出：心理健康需要身体意识的观照。换句话说，焦虑是一种身体暗示，它会让我们知晓外部环境是否安全、内在认知是否有偏差。给焦虑打上精神疾病的标签并施以猛药应该是个例，而非常态。

精神病学家及创伤研究权威专家巴塞尔·范德考克博士写道："过去折磨内心的经历不断啃噬人们……为了免受其害，人们更容易忽视自己的直觉，并且麻木不仁，由此学会隐藏真实的自己。"

焦虑是一种信号，没有它，人们便会停滞不前。但当焦虑如潮水般涌来，人们往往感到束手无策，既无招架之功，亦无还手之力，不得不坐以待毙，这当然会让人感觉超级不爽。然而，要解决卡住这一问题，人们百分之百是需要焦虑的。焦虑不是一种情绪，而是一系列的身体感觉。焦虑不会攻击你，它只是想帮助你。当你奋力同焦虑进行斗争时，你就不会歇斯底里，也不会万念俱灰。

等等，什么？

"但我就是讨厌焦虑！"

“我每时每刻都在焦虑！”

“可是焦虑让我什么都做不了！”

“但焦虑步步紧逼，向我袭来！”

“但焦虑会……”

就此打住。

每当我解释焦虑是走出僵局的最重要因素之一时，大多数人都会盯着我看个不停，那眼神仿佛是在看一个阴谋论者。焦虑之人轻则无端地感觉内心恐慌，容易对某件东西上瘾，心事重重、寝食难安；重则会引发身体各种不适。上述大众普遍持有的焦虑综合征与我对焦虑的理解显然大相径庭。在我看来，焦虑不仅不会卡住你，反而是一张指引你解除卡定的绝妙地图。

焦虑是一张指引你解除卡定的绝妙地图。

美国焦虑和抑郁症协会（Anxiety and Depression Association of America）宣称：“焦虑症是美国最常见的精神疾病，美国每年都有4000万成年人受其影响，占总人口的18.1%。”[1]

难道这4000万人注定终其一生都要与无法治愈的精神疾病相伴吗？事情还有没有其他转机呢？

如果问题不在“内部”，又该如何？

在精神病院实习期间，没有人教导我去质问压迫、父权制或系统性种族主义是否是焦虑的诱因；在堆积如山的书本和作业堆中，没有一本书要求我去学习一下神经系统，看看身体是如何应对压力的；在我作为儿童治疗师的第一份工作中，我身边的医生或治疗师也没有将焦虑与内科疾病区别对待。鲜有人知道，心理治疗师可以在对身体知识知之甚少的情况下获得从业执照，继而大张旗鼓地开业接诊。而收录于本书中的信息，全部来自我多年的“专业”实习（以及相当多的个人治疗）经历，可谓荟萃其中之精华。

焦虑并不好玩，毕竟它时而让你迷失方向，甚或危及生命。你从外部寻找答案虽不无道理，但外部的光芒却无法让你大彻大悟。因为，问题的答案潜藏于你内心幽暗的密林中。当你想要通过大快朵颐、刷短视频、跟网红比较、豪饮或沉迷社交活动等方式来麻痹自己或逃避焦虑时，你就会错过来自内心世界的强大信号，而那些信号恰恰才是指引你走向最真实自我的灯塔。如果你学会倾听内心的召唤，焦虑就会化身为一个隐匿又神秘的向导，带你进入、穿越，直至安全地走出内心那片乱象丛生的森林。这段旅途鲜有人愿意踏足，对有些人来说甚至是一条不归路。正如美国心理治疗大师斯科特·派克（Scott Peck）在《少有人走的路》（*The Road Less Traveled*）中写道："心理健康是不惜任何代价也要面对现实的一个庄严承诺。"

有时，现实让人恍若置身梦中。

回想起20岁出头时，我整日都过得浑浑噩噩，像极了一个在满是污泥的水池里漫无目的地胡乱扑腾之人。位于美国圣巴巴拉市的那间小公寓里，可乐空罐堆成了小山，里面塞满了烟头。因患厌食症，我的体重直线下滑，以至于例假都停了。每周一、三的晚上，我都去健身中心教授动力单车课。在那个拥挤又闷热的教室里，我会疯狂出汗和发抖，随时都有可能在众目睽睽之下晕倒在地。我的人际关系可以说与一些电视剧中所描述的抓马情节不相上下。我后知后觉地意识到，我"悠闲的童年"只不过是个烂摊子，充斥着模糊的记忆、煤气灯式的心理操纵、秘密和谎言——尽管一切看起来都那么正常！

圣巴巴拉的冒险之旅以痛苦告终后，我茫然失措，不知该何去何从。于是，我把所剩无几的那点钱凑了凑，逃到了加利福尼亚州北部的一个小山城。我下决心要在那里把困惑我的问题弄清楚，看看到底为什么我不能放慢脚步、放松心情、畅快呼吸、倾听内心、相信自己、享受爱情、维持社交、自由自在、无拘无束。最后，我在一个组织中找到了自己的避风港。生活虽然曲折离奇，但却不单调乏味。每天，我都会花上几个小时在组织的大本营祷告，目睹信徒们如何五体投地、顶礼膜拜，又如何在过道上踱来踱去、念念有词。某个异常难熬的斋戒日过后，我抓起了《圣经》和一加仑的水壶[2]（这样我就可以谦卑地向其他精神战士们吹嘘，我不用吃饭，仅喝水就够了）朝车子走去。我坐在车里，一根接一根地抽着烟，我边抽边想：事情到底是怎么演变成一地鸡毛的。

纽约人可不是以脾气随和与悠然自得而著称的。20世纪90年代中期，刚步入青春期的我初次面临焦虑危机。那时，母亲总是千叮咛万嘱咐，让我“小心劫匪”；祖母则用严厉的语气对我耳提面命道，“布里特，真正的女人就应该想尽办法去取悦男人”。焦虑笼罩了我的整个家庭。虽然在不了解的外人眼里，我家是一个看似标准正常的中产阶级家庭，可是一旦深入其里，就会发现它的内部其实已经千疮百孔。由于缺乏应有的边界感，家长不像家长，孩子也不像孩子。我从小就觉得自己太过敏感、专横，还很情绪化，总想依赖别人。我特别黏人，就连父母也被逼得疲于应对。大家总是不停地对我说，低调点，别大声嚷嚷，别惹你父亲生气，不要想得太多……即便我搬出去自立门户之后，焦虑依然如影随形，也是多年来让我在精神、爱情、财务、社交和健康方面吃尽苦头的元凶。

倘若我当时能向人们敞开心扉（当时的我宁愿将痛苦藏起来，也不愿让人知道），我就会告诉他们，只要我找到合适的治疗师、合适的药物或合适的项目，可能就会收获快乐，并找到我命中注定要过的生活。虽然我不知道那种生活究竟会是什么样子的，但我深知它能让我在大快朵颐时不用总担心摄入了多少卡路里；能让我在一觉醒来后不会大汗涔涔；还能让我批判性地看待人与人之间的关系，对那些虚情假意洞若观火，不会再将他人释放的危险“红旗”视为象征爱意的“红玫瑰”。

你没有崩溃

在很大程度上，心理健康、美容和健身等行业都在制造焦虑，让你觉得“提升自我”才是解决问题的关键。如果你听信它们所宣传的购买其产品或服务后就可以获得自由、快乐、幸福与平静，你就会沦为文化神话（cultural mythology）[3]的牺牲品，因为这会诱导你从外部寻找答案。事实上，解决方案就寓于己身，只要认真思考，它就会浮出水面。对我的许多客户来说，焦虑是忽视自身的结果，而非自己内部有缺陷或崩溃所致。

蒂娜被进食障碍、强迫性思考和广泛性焦虑症所困扰。细寻原因，其母脱不了干系。由于妈妈是一位控制欲极强的霸凌型自恋狂，因而蒂娜从来不敢跟母亲说半个“不”字，也不敢划定自己的安全界线。如今蒂娜已经32岁了，但每当与母亲相处时，她仍觉得自己像个6岁小孩。母亲那没完没了的短信、一个接一个的电话和突如其来的造访使蒂娜一直生活在恐慌之中。然而，蒂娜却一直听之任之。这使她身边人的耐心耗尽。最后，她不但痛失爱情和友情，还长期被卡在那份大材小用的工作中无法脱身。蒂娜反复说：“我知道，我和妈妈处在一种‘有毒’的关系中。我也知道，若能勇敢地对抗她，我最终是能快乐起来的，但我就是感觉自己被卡得动弹不得。我做不到。我也不知道自己究竟是怎么了。”

蒂娜过分关注焦虑，以至于她看不到自己在这一功能失调中扮演的角色，她害怕切断与母亲的那条情感纽带，也不敢自己做任何决定。当她真正能够直面日渐增长的恐惧时，她终于和母亲划清了界限，同时还勇敢地接受了一份极具挑战性但报酬丰厚的工作，并最终在这份工作中茁壮成长。我们将在第九章讨论成年人的相关话题。

凯特琳因一些“无病呻吟的问题”而羞愧不已，于是她找到了我。凯特琳事业有成，家庭幸福，因在当地一家儿童医院从事志愿者工作，她在社区里享有极高的声望。然而，每天晚上，凯特琳都会把自己锁在房间里偷偷地喝上一整瓶白葡萄酒，借酒消愁。无论孩子们怎么恳求她一起玩耍，她都置若罔闻。凯特琳虽然外表完美无缺、光鲜亮丽，内心却早已分崩离析、支离破碎。她不是错过工作任务的最后期限，就是忘记出席重要会议。凯特琳觉得自己简直糟糕透顶，于是经常感到焦躁、不安、易怒。“我有体贴入微的丈夫、听话懂事的孩子、温馨甜蜜的家庭，我有别人渴望的一切。可我却似乎从来都无法卸下包袱去享受生活。这是怎么回事？我可不想成为这样一个所谓‘有身份’但神经兮兮的女人。我为什么会这样？”

凯特琳的焦虑和尖酸刻薄的自言自语有效地淡化了她那长期以来被压抑的记忆。小时候，凯特琳曾偷偷把小动物和绿植藏在房间里养，然而，一旦被妈妈发现，就少不了挨一顿厉声痛斥，外加打屁股，以此羞辱她。除此之外，那些凯特琳放学后满怀兴奋地偷偷带回家的东西，一经发现，都会被妈妈毫不留情地扔进垃圾桶或冲进马桶。受这种严格家庭氛围的影响，凯特琳从小就表现得规规矩矩、干净得体。即便成年后，亦是如此。她从不允许自己独辟蹊径或探索自然。在治疗过程中，我们开动脑筋，找到了一些有助于凯特琳发泄情绪的新方法，这样她在治疗时便无须抛家舍业，或是搬到其他地方。一段时间后，凯特琳的焦虑症状消失了。

格里来找我是因为她在生完二胎后出现了焦虑发作的症状，她认为自己是一个失败的母亲。尽管格里很想把家里收拾得干干净净，但脏兮兮的足球衫和布满泥点的牛仔裤却总是被丢得到处都是，水槽里也塞满了油渍凝固的碗碟；尽管她很想把孩子抱上床，给他们读读睡前故事，但却经常把平板电脑随随便便往孩子们手里一塞了事。“我觉得自己在育儿这件事上卡住了，”格里说，“我想成为一个好妈妈，我愿意为孩子们做任何事情，但我深知，我似乎不可能成为孩子们期待的那种妈妈。我这是怎么了？”

格里的焦虑正压制着那个既是母亲们的禁忌，又是母亲们不得不面对的普遍现实，即有时做母亲真的很难。人们似乎普遍接受“为母则刚”的说法，几乎没有哪个妈妈原意公开宣称自己被抚养子女这件事弄得焦头烂额。因此，格里觉得自己很失败。我认识的每一位称职和慈爱的母亲都告诉过我，虽然她们心甘情愿为孩子赴汤蹈火，做任何事都行，但有时她们仍忍不住会怀念起生育前的那些日子。尽管这种体验很普遍，但在社交媒体上只有少部分博主敢公开声称“养育子女有时很困难”。当格里能够识别并正确面对这些感觉时，她找回了自己的能量。格里不再沉迷于酒精，相反，她能积极面对生活，并在子女需要她的时候及时出现。

发现蒂娜、凯特琳和格里的共同点了吗？她们都认为，卡住的原因在于焦虑。因为焦虑的声音远比她们内心世界的低语更响亮，继而焦虑成了聚光灯下的焦点。但焦虑只是问题的症状，而非问题的根源。

焦虑不会“攻击”你

将焦虑视为“攻击”犹如抱薪救火。如果你认为体内有某种东西正在攻击你，那么你的生理反应就会使你觉得，你好像真的受到了攻击一样。关于神经系统的问题我们将在第三章着重谈论。焦虑感觉像是一种攻击，因为它似乎无中生有、突如其来。一想到自己随时都可能遭到埋伏攻击，你的身体又怎么会有安全感呢？但没有什么东西是凭空产生的。即使你不知道某个症状的起源，也不意味着就没法解释它的存在。在第三章中，我们将讨论，一个人不知道自身何时会崩溃时应该怎么办，以及该如何进行自救——即使当事人根本不知道为什么会这样。每年都有数百万的美国人陷入精神疾病的泥潭，这充分证明我们学到的那些应对焦虑的路子行不通。对焦虑的强迫性回避和误解会让我们情绪混乱，内心极度不爽。

记得在一次修复性瑜伽课（或称“静瑜伽”）上，我没能按照教练的指示将腿放到墙上（因为我压根做不到），于是我坐在地板上崩溃了。“你这是怎么了？快跟上！”我骂着自己。柔和的音乐、昏暗的灯光、松软的枕头、温暖的毛毯和舒适的姿势，都充分证明了瑜伽是用来放松的。然而，我却像是一个异教徒一样，浑身发抖，手心冒汗。我使出浑身解数，才不至于让自己狼狈地跑出教室。由于我习惯性地忽视自己的感受，所以一旦努力地让自己放松下来时，反而拉响了内部的警报系统。不过，我渐渐感觉到，终于可以听到内心的声音了，我听到，我的焦虑在尖叫：“你糟糕透了！”于是，我试着调整呼吸，让自己冷静下来。深呼吸固然有百利而无一害，但任何尝试过（即使失败了）冥想、自我保健、深呼吸、泡泡浴或瑜伽以减轻焦虑的人都知道，想要解除卡定，还需要点“其他东西”。

“其他东西”究竟是什么?

人类的大脑无与伦比、神秘莫测。最新研究表明，我们生来就是为了生存[4]，而非幸福；我们生来就追求安全，而非宁静。这意味着大脑会不断扫描周围的环境，以寻找威胁和机遇。由于人类如今已摆脱了洞穴生活，不再担心狮子、老虎和狗熊等的突然袭击，因而大脑很容易对危险信号产生误解。大脑的这种误判会给你的幸福感带来惊人的影响。即使你在理智上认为自己是安全的，也会常常感觉自己寸步难行。当大脑处于生存模式时，人们可能会感到不知所措、冲动异常、满怀敌意，同时感到紧张不安、疲惫不堪。所爱之人秒变仇敌，你会像个掠食性动物那样，恨不得先将对方吃掉而后快。

这种体验的专业术语是“神经感知”，也叫“神经觉”(neuroception)，即大脑对人物、地点和事物是安全还是危险的感知。将安全错误地解读为危险是滋生衰弱症状和灾难性关系的土壤，而危险的神经感知会产生与焦虑症完全相同的症状。但这些症状是“存活反应”(survival response)，而非障碍或疾病。每当你感到焦虑时，你很可能已经从理性模式切换到了生存模式。当你目标明确、果断坚决、处处留心之时，你大脑中逻辑部分的活动感觉就像被点亮一般；当你反应迟钝、失去控制、动弹不得之时，说明你已经离开了“逻辑之地”，转而进入了“生存脑”的领域。

生存脑不是为了伤害你而设计出来的。我们都错误理解了大脑的语言——焦虑发作不是攻击。焦虑发作是大脑对数据的误读。焦虑发作表明大脑想要帮助你，为你的安全保驾护航。以下关于焦虑的“神话”，估计大多数人都有所耳闻：

焦虑发作不是攻击。

- 焦虑是一种疾病。
- 焦虑是一种化学失衡。[5]
- 焦虑是一种遗传问题。
- 焦虑是一种精神障碍。
- 焦虑是精神虚弱的一种表现。

神话：焦虑是一种疾病。

相信这个神话的后果：“如果焦虑是一种疾病，那么我只需要学会忍受。”

心理学常用的疾病模型对于人们的价值在于，它能让人获得心理健康服务和保险理赔。但是，当把焦虑视为一种疾病，你可能会感到更加无助、更加无所适从。焦虑可不是想要伤害你，而是要在你身处危难或背离真相时，向你发出警报。扭伤脚踝后的疼痛不是一种疾病——疼痛是提醒我们受伤、需要注意的信号。喝龙舌兰酒后的呕吐也不是一种疾病，而是你喝多了的信号。与其将焦虑视为一种疾病，不如将其视为一种信号；如此一来，你就有了一个更有效的解卡框架。

神话：焦虑是一种化学失衡。

相信这个神话的后果："我只要吃药就行。"

化学失衡固然有理论背书，但它并非绝对的事实。那些被广泛宣传可以用来治疗焦虑症（和抑郁症）的药物会导致上瘾、依赖，且有副作用。苯二氮卓类药物（benzos）可以用来治疗焦虑症，该类药物包括阿普唑仑（Xanax）、氯羟安定（Ativan）、氯硝西泮（Klonopin）和安定片（Valium）。在处理零星的恐慌或偶发事件时，可偶尔使用，如长途飞行或严重的创伤后应激障碍（post-traumatic stress disorder，PTSD）、闪回（flashbacks）。然而，这些药物具有高度成瘾性，医生给患者开具药方时往往并未告知风险。诚然，药物治疗是有用的，在治疗过程中必定有其一席之地。可是，在不了解药物信息和可替代药物方案的情况下，草率吃药可能会令情况雪上加霜。有些人服药后，症状竟比服药前更糟，这种事并不少见。（提醒大家：你的健康是你的选择，毕竟对一些人来说，服药可以创造奇迹。）

克里斯是本地一位医生介绍给我的客户。由于服用了大剂量的阿普唑仑，克里斯连说话都成问题，但他却全然不知这种口齿不清的症状是其服用的药物所致。医生也从未就该类症状向病人作过解释。我本人也曾因焦虑症而被医生建议服用氯羟安定，却从未有人跟我说过这种药物的成瘾性。太多人没有意识到，虽然他们的症状可能会在药物作用下得以缓解，但却要为此付出高昂代价。相信化学失衡论的患者会认为，都是化学失衡惹的祸。打开谷歌简单搜一下，你就发现很多专家认为化学失衡论并不准确。[6]我们的大脑是高度复杂的系统，截至目前，没有一种方法可以清楚地确定“化学平衡”的大脑是什么样的。“化学失衡是20世纪的理论。实际情况远远比化学失衡复杂得多”，美国国家公共广播电台（National Public Radio）的阿利克斯·施皮格尔（Alix Spiegel）在一篇博客中援引哈佛医学院神经科学家约瑟夫·科伊尔（Joseph Coyle）的话说道。

不过，我也曾服用过精神类药物，但原因并不是血检报告单上显示多巴胺或血清素失衡。那我为什么还要服药呢？因为经过大量的“试错”（包括因躁郁症药物严重过敏而住院），我发现有一种药物可以磨平我那锋利的棱角。如果服药能让你感觉更像自己，那你或许可以在医生的帮助下尝试一下，服用精神类药物的目的是帮你安全地感受到你的感觉，而非“逃避”。如果你以前从未接受过药物治疗，那么在你决心成为一个“药罐子”前，最好征询一下医生的建议。无论是否服药，你都得全面了解精神类药物的潜在危险及化学失衡理论的不准确性。

神话：焦虑是一种遗传问题。

相信这个神话的后果：“对此，我无能为力。”

基因重要吗？是的，但是环境因素也是焦虑的一个重要诱因。毕竟我们没法确定，焦虑是由某个单一原因引起的。虽然基因可以解释你的某些倾向，但你的遗传密码并不能定义你。有些人用“焦虑来自遗传”来麻痹自己，并由此拒绝做出改变。毋庸置疑，改变的过程可能异常痛苦，包括我在内的大多数人也都更愿意维持原状。作者马克·沃林恩（Mark Wolynn）在他关于表观遗传学[7]的精彩著作中写道：

每当我们想要努力抵抗痛苦的感觉时，痛苦却会因此而延长。抵抗痛苦就像开了一剂让痛苦持续下去的处方。

在找寻答案的过程中，“找寻”这一行为本身却不断地给我们使绊子，让我们无论如何都找不到答案。要是一直把目光放在自身以外，那我们就会错过真正的目标。真正有价值的东西往往寓于内心深处，不要对此置之不理、听之任之，否则就有可能错失良机。

换句话说，我们不能理所当然地将焦虑症或其他心理健康问题的产生归咎于基因，并将之视为准则。

神话：焦虑是一种精神障碍。

相信这个神话的后果：“我有点不对劲。”

42岁的平面设计师简曾在没有告知我的情况下取消了前两次的治疗。然而几周后，她又坐在了我的办公桌前。她看起来精疲力竭，就连说话都有气无力。简发现自己又一次陷入暴饮暴食和猛扣嗓子眼催吐的恶性循环中，前段时间保持的正常饮食习惯已然不复存在。“我不知道自己这是怎么了，”她说，“我只是一直感到很焦虑，而且是无缘由的那种焦虑。”

“无缘由”的焦虑是焦虑症患者常见的抱怨，这也助长了焦虑是一种精神障碍的“神话”。快速阻止焦虑发作的方法之一是不停地告诉自己：“这不是凭空而来的，而是有原因的，虽然我不知道原因是什么。”提醒自己，即使你不知道事情的全貌，所有症状也都是有意义的，这可能会让你感到安慰。没有什么是凭空出现的，焦虑总是有缘由的。

对简来说，暴食症有效分散了她的注意力，让她可以远离争论不休的离婚诉讼和操心难管的子女。暴食症（和其他饮食失调）可能是致命的。如果饮食失调的症状没有先一步得到医学管控的话，任何心理工作都将是徒劳的。然而，饮食失调并不是凭空而来的疾病。大多数创伤治疗师使用系统方法进行饮食失调治疗。系统论认为，行为是由家庭环境、工作、学校、遗传和经济状况等复杂因素构成的网络所决定的。这些因素共同汇成一个系统，进而发挥作用，影响决策和结果。

已故的纽约州立大学上州医科大学精神病学教授、美国精神病学协会杰出的终身会员托马斯·萨斯（Thomas Szasz）在《精神疾病的神话》（*The Myth of Mental Illness*）中写道：“精神病学评估经常回避或不考虑心理和社会因素，这使我们无法很好地解读精神疾病产生的个人和社会先兆。主流精神病学主要遵循精神疾病的躯体标记[8]行事，这不利于理解人们内心的那些问题。”

焦虑不需要被修复。
焦虑需要被理解。

通常，疾病或障碍会被定义为精神或身体出了问题。但我们要转换思维，不要过分关注焦虑的负面因素，而要关注其正面因素。因为一旦将焦虑视为一种疾病或障碍，人们就会尝试修复它，而每一次修复都注定以失败告终。焦虑不需要被修复，只需要被理解。这是为什么呢？仔细观察一下让你焦虑的那些因素吧！结果会让你瞠目结舌。原来在当时的情境下，你的那些过度反应也好，情绪崩溃也罢，竟然是完全合理的！

神话：焦虑是精神崩溃的一种表现。
相信这个神话的后果："我崩溃了。"

焦虑的出现意味着你的大脑和身体正按照事先设计好的流程行事。焦虑是对你遇到的危险进行预警或提醒你错过了重要信息。感到焦虑其实是"力量"的象征。最初，我的客户也不赞同这个说法，他们觉得焦虑代表着失败，与力量根本不搭边。承受焦虑固然不易，但倾听焦虑传达给我们的信息则需要巨大的勇气。如今，社交媒体和视频网站上有一周7天、一天24小时不间断的新闻播报，酒水触手可及，交友软件上的网友来自五湖四海，游戏和购物网站可以轻松满足你一试身手和购物消遣的需求。要想逃离内心对于真相的喃喃细语，我们拥有比历史上其他任何时候都简便快捷、丰富多样的信息通道。

情绪上的痛苦并不是软弱的表现。

麻木不代表力量，感到痛苦也不是软弱的表现。人一旦与痛觉感受器（pain receptor）断开连接，就会产生严重后果。感觉不到疼痛并不是一种天赋，相反，这是汉森病，即让人谈之色变的“麻风病”的典型症状。麻风病是一种使人丧失痛觉的神经性疾病。如果没有痛感，你就不知道炉子是热还是冷，刀子是锋利还是钝敝，或者挠痒痒挠得刚刚好还是太过了。身体失去了感知疼痛的能力，后果就是肉体死亡；同理，如果试图关闭感受情绪痛苦的开关，结果就是“情感”死亡。

焦虑、恐惧和担忧——有何不同？

焦虑、恐惧和担忧这三个词看似相似，实则不同，人们经常将之混为一谈。要知道，焦虑、恐惧和担忧之间存在着显著差异。34岁的乔苦于社交焦虑症的困扰，于是她找到了我，那让我们来一探究竟吧！

焦虑

正如我在本章开头提到的，焦虑就像汽车仪表盘上的引擎故障指示灯。指示灯并不总是能识别出具体问题，灯亮只是提示你要把车送去维修。焦虑就是身体里一系列不舒服的躯体感觉，虽没有一个确切的来源，却是一个线索，通向那些等待解决的问题。乔不知道她为什么会在社交场合感到焦虑，认为自己出了问题。其实是因为她太专注于自己的焦虑发作，以至于没有意识到她的焦虑是有作用的。乔没有借此来探究自己的情绪问题，而是陷入了羞耻和自责之中。

恐惧

从身体的表现来看，恐惧和焦虑并无二致：呼吸急促、心率加快、手心出汗、口干舌燥、紧张不安。但与焦虑不同的是，恐惧有一个直接的来源。有时源头是眼下的危险，有时则是对未来的担忧。乔的社交焦虑背后真正的问题是什么？原来，社交场合会让乔不自觉地想起大学的一次联谊会。在那次联谊会上，她遭到了性侵。乔的问题不属于精神疾病，而是内心“未解决的创伤”让身体产生的“恐惧反应”。乔认为她应该忘掉这件事，且事情“没她想得那么糟糕”，所以她将自己的感受藏了起来。然而，一旦置身社交场合，特别是男性多于女性的社交场合，这些被埋藏的感受就会以恐惧的形式袭来，并昭告其存在。

担忧

担忧是一种恐惧，就像吃饭时担心吃到自己讨厌的香菜一样。饮食恐惧可以看作恐惧的简化版。虽然担忧会产生与恐惧相同的身体反应，但其强度很微弱。在乔意识到她的社交焦虑是一种完全合理的恐惧后，我们的下一个任务就是把她的恐惧变成担忧。管理担忧可比试着去克服恐惧容易得多。过去，乔害怕自己会陷入危险。由于该恐惧完全合情合理，那种要疯掉的感觉便会随之消失。摆脱了羞愧的重压的乔终于能够清晰思考了，她决定试着去参加一些社交活动。伴随乔的“逻辑脑”重新获得启动，我们集思广益，又为她量身定制了一系列应对策略，包括与支持自己的朋友经常联系、直面过去的痛苦、允许自己提前离开社交活动。最终，乔完全摆脱了社交焦虑。

最后的一些想法

焦虑并非真的要攻击你，将其称为焦虑发作更加贴切。你用来描述经历的语言很大程度上影响着你改变经历的能力。你要明白，身体并不是要害你。一旦意识到身体实际上和你是一伙的时候，你就不会再惧怕焦虑发作，也不再对此感到羞愧难当、内疚和自责。羞耻和内疚一旦被移除，那问题就变简单了，你就能以惊人的速度找到可行的解决方案。请记住，焦虑有时是忽视自己的结果，有时是外部威胁的结果，但无论如何，都不是你内部缺陷的结果。

焦虑症应该被称为焦虑反应。你没疯，你好着呢！

重点精华

1. 焦虑就像汽车上的引擎故障指示灯。如果你禁用它，就糟糕了。

2. 大脑是为了让你活着，而不是让你快乐。

3. 焦虑发作不是想攻击你，而是大脑想和你对话。

4. 感觉不到疼痛不是力量，而是“情感麻风病”。

5. 焦虑不是一种疾病。

6. 焦虑总是来自某个地方，虽然你不知道那个地方在哪里。

7. 焦虑的化学失衡理论至今未获证实。

8. 焦虑不需要被修复，而是需要被理解。

9. 通常，存活反应看起来类似焦虑症状，但事实并非如此。

10. 你没有疯。

行为准则

做	别做
告诉自己：“虽然我不知道自己为什么会有这种感觉，但这并不意味着没有一个理由来解释这种感觉的存在。”	说“我怎么了？”之类的话。 这会让自己感到羞愧难当。
提醒自己：我的身体不是在攻击我，而是想帮我。	刻意无视糟糕的感受。 尽管焦虑令人惶恐不安、心惊胆战，但仍然是一种有益的机制。
问问你自己：是否因为害怕结果，导致有些生活问题未能得到解决。	必须马上处理所有事情。 如果麻木能让你安然度过这一天，并且你能担负起应该担当的责任，那么你大可麻木下去。我们都需要定期麻木一下。
和医生谈谈药物治疗的事，并确保你了解服药后可能会出现的副作用，包括潜在的依赖性。	不经医生允许，擅自停药。 药物在某些情况下，对某些人来说，是救命稻草。

5分钟挑战

1. 在一张纸的一边，列出生活中所有让你感觉给你带来压力的人。别担心会伤到他们的感情，这张纸只有你一个人能看到。纸的另一边，在每个人后方写上：我对他/她/他们的真实感受是__________。在纸的底部，写上：我有权利表达我的感受。

2. 准备一张清单，在上面列出手头所有让你感到压力大的任务。在底部写上：我感觉受不了，但崩溃情有可原。我先做__________，就会感觉好多了。

3. 在纸上列出其他任何让你感到有压力的事情（比如身体不适、压抑的工作环境、经济负担等）。在纸的底部，写出5件你在接下来的5分钟里可以做的事情，这可能会让你的压力感减轻5%。

4. 给自己准备一张便条，上面写上：我的焦虑情有可原——任何人在这种情况下都会感到焦虑。虽然现在的我可能无法理解、无法改变这一切，但我坚信，我没疯。

请把纸条放在你每天都能看到的地方。

1 未来版本的《精神障碍诊断与统计手册》有望收录更多关于创伤和环境因素的内容。

2 在诸多宗教团体中，一加仑的水壶是一种身份的象征，就像奢侈品牌包包之于贵妇一般。你可以像普通人般拿一个普通容量的水瓶，一旦你拿了一加仑的水壶，你就在告诉大家：你是一个拒绝食物的超级明星。

3 文化神话（cultural mythology），又译作“文化迷思”，指一类对特定文化背景下的人们具有特殊意义的传统故事。它通常是关于一位神或英雄人物的故事，有时它对一个真实的现象提供了一种道德或幻想性的解释。——译者注

4 “生存”指生理安全及对能量需求的有效管理。

5 化学失衡（chemical imbalance），一种健康问题，当大脑的神经递质过多或过少时，化学失衡就会发生，继而可能导致身体的各个器官无法在正常范围内发挥作用。——译者注

6 “《精神障碍诊断与统计手册》的定义不包括个人和背景因素。比如，抑郁症是否是一种对于迷失、糟糕的生活状况、心理冲突和人格因素做出的合理反应。”——艾伦·弗朗西斯（Allen Frances）

7 根据美国疾病控制与预防中心的说法：“表观遗传学关注行为和环境如何发生变化，以及该变化对于基因工作方式有何影响。与基因变异不同，表观遗传变异是可逆的，虽然不会改变DNA序列，但可以改变身体对DNA序列的表达方式。”

8 躯体标记假说（Somatic Marker Hypothesis）由达马西奥教授（Damasio）于1994年提出，用以解释情绪对人们决策的影响。——译者注

第二章

卡住的潜在好处

我们大可以像在贺卡上写那些励志暖心的祝福语一般，大谈特谈勇气、爱和仁慈这些话题。不过，除非我们愿意开诚布公地说一说到底是什么阻止我们将之付诸实践，否则再侃侃而谈也不会有什么改变，永远不会。

——布琳·布朗（Brené Brown），《脆弱的力量》（*The Gifts of Imperfection*）

每当我问及客户被卡住的原因时，他们都会不约而同地答道：

“我就是太懒了。”

“我缺乏动力。”

“我有点不对劲儿。”

“我好像坚持不下去了。”

“我崩溃了。”

“我疯了。”

“我不够优秀。”

“我去做的话，一定会吃闭门羹的。”

布琳·布朗说，在所有不完美中，都藏着上天给我们的馈赠。她在《无所畏惧》（*Daring Greatly*）中写道：“只有勇于袒露真实的、不完美的自我，才能获得自我接纳，这才是真正的归属感。”

布朗博士以一己之力掀起了一场自我接纳革命。既然不完美中蕴含着上天仁慈的馈赠，那么被卡住时也不例外。开动脑筋想想看，你被卡住时会获得怎样的馈赠？被卡住时，我们可能根本意识不到馈赠的存在，但它们以一种潜在的状态让我们得以在逆境中保持自我、维持现状并保持初心。自卑会让人妄自菲薄，这是相当折磨人的一件事。如能敞开心扉、热情地接纳自我，并以此为指引，审视自己的动机和偏见，你就会迸发出强大的动力，梦想成真指日可待。

再痛苦的环境也能奏响摄人心魄的塞壬之声（注：塞壬来源自古希腊神话，是一名人面鸟身的海妖，拥有天籁般的歌喉，常用歌声诱惑过路的航海者而使航船触礁沉没），引诱我们蹉跎时日、无所作为。记得我第一次意识到这点时，犹如醍醐灌顶。20多岁的时候，我在一家不知名的电视广播公司谋了份差事，担任一个真人秀节目（十有八九你也没看过）的副制片人。在此之前，我在全国各地漫无目的地漂泊，先后做过海鲜餐馆迎宾员、牛排店服务员、摄影助理、自由杂志撰稿人、地下室管理员，直到在一家电视广播公司暂时站稳了脚跟。不管是什么样的嘉宾，我总有办法让他们在节目中对一些过往感怀万千、痛哭流涕，为此，我收获了不少肯定和赞誉。然而，我却丝毫不以这份工作为傲。

凌晨3点，刺耳的闹铃准时把我从睡梦中惊醒：我得工作了。无论身体如何抗议，我都得恋恋不舍地扯下压在身上的毯子。我象征性地朝脸上撩了点水，吞云吐雾地过一阵烟瘾。在匆匆灌下了一大杯在加油站便利店买的温咖啡后，我朝着拉斯维加斯大道的方向赶去。接下来的整整16个小时，我需要和摄制组马不停蹄地为一个与虐待相关的节目采集镜头。该节目中的女性饱受“卡住”的折磨，她们对“卡住”的理解比我之前或之后共事的其他任何一个人都深刻。在交谈中，我发现了一个令人惊讶的事实（事实上，在此之前，我也不止一次地听到过）。虽然受访者的情况千差万别，但背后的事实却惊人地相似。

令人惊讶的事实是什么？

现在可以揭晓答案了。对于大多数不健康的行为，只要稍微深挖一番，就会发现，里面都潜藏着某种程度的馈赠。经由我采访的多位女性甚至言之凿凿地说，她们从中获得了丰厚的回报，尤其在恋爱关系刚开始的阶段。虽然之后惨遭恋人虐待，但一谈起最初的那段甜蜜时光，受访者还是会不经意地露出微笑。沉浸于那段“岁月静好”中，她们的眼神开始变得迷离，笑容在憔悴的脸庞上若隐若现。在一个旁观者看来，从一段暴力的亲密关系中获得回报，无异于天方夜谭。然而，所有受访者都表示她们在最初会感到喜不自胜。即使惨遭劈腿，曾经的“郎情妾意”也会浮上心头，诱惑她们选择原谅和宽恕，从而让悲剧周而复始。

深陷一段有毒的感情时，人们往往难以自拔。如果能够放下，相信大家都会这么做的。然而，实际情况却是，怀揣着可能“会得手”的侥幸心理，她们心甘情愿、一次次地冒险尝试，这种心理和赌徒无异。这些女性深陷其中不能自拔，因为她们害怕从头再来，不愿改变现状。她们相信，总能等来一位白衣骑士，救她们于水火之中——显然，这只是一个童话。然而，包括我在内的许多女性都宁愿信其有，不愿信其无。我也曾陷入暴力的亲密关系的泥沼，因此对那种对从头再来的恐惧感同身受。我理解受到痛苦围攻之时，人们多么期盼能有一只有力的大手，从天而降，拯救他们千疮百孔的心灵。我也理解，即使是最痛苦、最虐心的关系，也并非毫无留恋之处。如果非要打开天窗说亮话，我承认我容忍了一些有毒的行为，以换取周围人的尊重、财政担保和友谊等回报。但是，那些家暴幸存者仍未脱离危险关系，不是他们的错，因为无论如何，我们绝不能把遭受虐待的原因归咎于受虐者。没人会说：“你就该被虐待，因为路是你自己选的，而且你也因此捞到了潜藏其中的好处。”绝不是这样的。

这些例子虽然极端，但其中的每个人，都或多或少地从中获得了一定的好处。为了解除卡定状态，你必须实事求是，好好审视一下自己的行为——即使是那些你真想改变的行为。即便昔日的选择最后被证明是错误的，也不要自我羞辱，更不必长吁短叹，因为这根本改变不了什么。

与其急着去为自己的所作所为盖棺定论，倒不如好好想想事情是如何发展到这一步的。因为，好奇心是做出改变的催化剂。当以好奇之心审视自己的行为时，你更容易看到那些隐藏的闪光点。此外，要想在行为上做出改变，关键是要了解这样做到底有什么好处。当我谈及貌似不健康的行为带给我们的潜在好处时，小组中总会有人举手质疑："等等——不会有人真的傻到相信，做电视迷/长期拖延者对健康有益吧？"

的确有益，正如上面说的那样。请允许我再向大家详细解释一下。

大脑预设的首要功能是生存而非幸福。神经系统经过训练，可以尽可能多地保存能量。当目标是"活着"时，卡住的状态有助于我们有效地利用资源；而当目标换成了"生活"，仍旧卡住的话就有问题了。因此，知道卡住的状态在什么情况下能够带来好处很重要，因为这是迈向改变之路的第一步。

卡住的四大好处

防止产生不适感

卡住其实是人们寻求舒适的一种方式。试问，冬日的清晨有几人不留恋被窝里的温暖与舒适呢？卡住意味着停滞不前，如此，就不用为前途未卜担心，从而避免由此产生的不适感。我们会在公共场合极力打造一副处事不惊、调动有度的形象，就像那一汪波澜不惊、碧平如镜的湖水，然而湖水之下那个不能示人的我们，实则早已山崩海啸、乱作一团了。要想了解真正的自己，就要有一潜到底的勇气，对自己的人际关系、职业生涯、生活习惯等进行一次彻底清算。这时，你会发现，要想解卡，你需要与那个真实的自己进行一次针锋相对的谈话。如果害怕面对真实的自己，不想对现状做出改变，你就会不知不觉地陷入卡定状态。

那天，52岁的伊琳娜来到我的办公室。她看上去精力充沛、干劲十足，但是在攥着的记事本上，密密麻麻写满了图表、列表和时间表，记录着她焦虑的各种症状。她随身的包包里还装着几本个人成长类图书，还有一份好多页的清单，上面列满了医生开具的旨在“治愈焦虑症”的补剂和药物。我小心翼翼地引导她说出自己的故事，她吞吞吐吐地表达了对当下工作的不满。“但是，”她补充道，眼睛透过红框眼镜定定地看着我，“这份工作其实也不错，大家都很照顾我。我已经干了13年了，如果跳槽，就得从头再来。我不想跟任何人谈论我的工作情况。我只想赶紧治好我的焦虑症，我真是受够了，再找不到解决问题的办法，估计我就得疯了。”伊琳娜一方面对辞职有种莫名的恐惧，另一方面，现有的工作环境又让她忍无可忍——她没日没夜地加班，酬不抵劳不说，那个主管还有着极端的大男子主义，总是不时地对她的工作吹毛求疵一番。在这种处境之下的好处之一是，伊琳娜只需要忠于职守，与他人保持步调一致即可。她不敢触碰任何关于改变目前处境的话题，因为一旦那么想，工作中的那些痛苦就必定会浮出水面，让她忍无可忍，从而辞职走人。

免受负面情绪的困扰

哪有什么负面情绪啊！那些所谓的负面情绪，无非是我们对有些事情感到不舒服或害怕而已。但即便是那些糟糕的情绪也是有用的，愤怒源于不公，悲伤源于失落，恐惧源于威胁。其实，适时卡住是为了保护我们被卷入痛苦的深渊。毕竟当负面情绪来袭时，我们轻则会感到如坐针毡、思绪混乱，重则诚惶诚恐、惴惴不安。但也恰恰是那个时候，我们才愿意直面自己的情绪。除非你相信，直面情绪时的恐惧不安要好过卡住的状态，否则你就会安于卡定的状态，不想做出任何改变。

促进与他人的交往

当脑动脉瘤夺去我外婆生命的时候，我的妈妈刚刚2岁。没妈的孩子是棵草。外公无暇顾及年幼的妈妈，将她委托给了一个亲戚照料。谁料那个亲戚有虐待倾向，妈妈童年的噩梦自此开启，焦虑日复一日地渗入她身体的每个细胞。若一个孩子的首要依恋对象一直处于高度焦虑的情绪之中，那这个孩子根本不可能与之进行充分的情感交流。一方面，小孩子不具备建立安全依恋关系的能力；另一方面，他们内心又无比渴望与之建立情感联系，所以会时时处处模仿大人们的一举一动。儿时的我，有些神经兮兮，敏感又不安，还特别黏人。为了试着跟妈妈建立联系，我也会下意识地表现出很焦虑的样子。因为这种状况下，除非父母教养得当，否则小孩子们会认为，如果不照搬父母的一言一行，他们就不是乖宝宝。这些早期的依恋问题常常让我感觉人生如浮萍般飘摇不定，丝毫感受不到自己存在的价值。我们将在第七章就依恋和家庭关系进行详述。

直指问题的核心

人们常常把“抑郁”与“卡住”混为一谈。虽然在临床上将抑郁症诊断为一种疾病已是普遍惯例，但基于创伤和大脑的相关研究却为我们提供了一个新视角。正如临床心理学家菲尔·希基（Phil Hickey）博士所写[1]：

美国心理学家协会将抑郁症归为一种疾病，但我却不以为然。相反，抑郁是人类的一种适应机制，数百万年以来帮助人们克服了形形色色的困难。顺风顺水、心想事成时，我们会感到心满意足。身体其实是用这种美妙的感觉鼓励我们继续保持下去。但当时运不济、屡受挫折时，我们会感到伤心失意、心灰意冷。这也是身体发出的信号，提醒我们是时候做出一些改变了。

作为一个深受抑郁症折磨的人，每当听到这种另类的说法，我都会惊得一愣一愣的：等等，开什么玩笑？抑郁症不是病？试试看，把这句话告诉那些感觉生不如死的人、恨不得从这个世间消失的人，或者那些好几个星期都不想下床的人，结果会是怎样？

抑郁症发作可不是闹着玩的，有时甚至会出人命。然而，如果你理解大脑的关闭机制[2]（在下一章中会有更深入的讨论），就能将抑郁症置于一个广阔空间并从宏观视角观察之。将抑郁症作为内科疾病进行诊疗其实并不科学。一个人即使被确诊为抑郁症患者，大多时候表面看起来也非常正常，除非大脑感觉很不安全，否则那些临床上的抑郁症状根本不会显现出来。因为抑郁只是一个信号，说明存在某种问题，但并非问题本身。焦虑和抑郁就像是两位球员，虽然效力于不同的球队，但目标并无二致。固然，周遭环境的持续刺激会让焦虑和抑郁的治愈很困难，甚至可能治愈无望，但大脑可没有不配合治疗，之所以让你感到焦虑和抑郁，都是大脑为保护你免受更大伤害，不得已而为之。抑郁症是一种疾病吗？也许吧。我想引证那句在社交媒体上经常看到的以匿名发出的话，为我的这本书进行一个重要的免责声明，那句很有意思的话是这样说的：“在你给自己作出抑郁或自卑这一论断之前，先看看你的周围是不是混蛋太多了。”

保持卡住的九大好处

1. **省心省力：**躺平了，正好可以节省宝贵的精力。

2. **维护形象：**卡住了，不再逞强，也就不用担心被人戳穿言行不一，冠以“骗子”的称呼。

3. **管理风险：**不做事，也就无失败之忧。

4. **加强控制：**把所有想法都放在脑子里，控制权就完全掌握在你手里了。

5. **麻痹痛感：**从未做过，就可以用天马行空的想象来麻痹自己，倘若有“那么一天”，自己会如何如何。

6. **习以为常：**对熟悉事物产生的不适，我们悉数全收，但对未知变化却畏首畏尾——即使是积极的变化，也不敢冒险一试。

7. **保持安全：**有时，做个小人物更安全。

8. **财务安全：**停滞不前，自然也就无须承担任何经济风险。

9. **平衡关系：**如果什么都不做，就不会招惹是非，也不必费力去维系人与人之间的关系。

当曾经咬牙做出的选择终于有了结果，你是否会为当时的选择感到欢欣鼓舞？如果结果是好的，你会从中获得强大的前进动力；如果结果并不如意，你或许会为此感到羞愧难当。比如，拖延就是一个绝佳例证，可以向我们充分展示“不健康”行为的益处。拖延不是懒惰，而是一种别样的保护，它可以使你免遭颜面扫地的羞耻和尴尬。想想看，假如你没有去做那个项目，申请那份工作，赶赴那场约会，或者制定那个健身的计划，是不是也就永远不会遭遇失败和挫折？这是卡住以特殊的方式给我们的馈赠，即使你想保持健康，与他

拖延不是懒惰。

人建立有价值的联系，自我创业，成为约会达人，还是实现创意梦想。

上面这些信息可没有让你停药的意思（记住：没有医生允许，千万不可贸然停药）。这些信息也不是帮你消减痛苦或无视痛苦的存在，毕竟你的痛苦、抑郁和焦虑都真实存在着。在尝试任何心理干预之前，有时需要先把我们最极端的症状交由医学进行诊断。也就是说，卡住是身体的一种存活反应。第三章将对此进行更详细的讨论。大脑处于生存模式时，的确会表现出与临床抑郁症类似的症状，但它们并不相同。

当交谈不起作用的时候

朱莉是我的一位客户，患有严重的焦虑发作和心因性非癫痫性发作（由情绪而非医学原因引起的癫痫发作）。仅仅通过试着去了解大脑的生存模式，并与存活反应交朋友，她竟神奇地找到了治愈之策。其发作次数从每天15到20次降至0次。朱莉是怎么做到的呢？原来，第一要务就是停止自责。她曾常常自我斥责道："我恨死我那不成器的大脑了。为什么不能停止这样做呢？我需要让它停下来！"设想一下，这不就像对着一个婴儿大喊大叫，并期望他/她能够理解一样吗？

“恨死我了，你说你怎么这么不成器。就不能不哭吗？立马别哭了！”

这样的抱怨是不是看起来很荒谬（更不用说骂人的话了）？婴儿的大脑还未充分发育，他们又怎么能理解你的那些想法或抱怨呢？出现问题后，再怎么冥思苦想也想不出个所以然，再怎么絮絮叨叨也谈不出解决之道。这是为什么呢？原来大脑中的边缘系统（情绪控制系统）根本对逻辑思维或积极思维无感。谈话也好，思考也罢，都无法解除卡定状态。不过，这可不是你的错。只有当你的逻辑脑可用时，进行思考才有助于解决问题。认知行为疗法（cognitive behavioral therapy，CBT）背后的指导思想，就是通过思考和谈话来解决问题。

认知行为疗法是心理健康的一种循证方法，其模型中就包含着尝试用逻辑思维减少苦恼这一理论。在对抗抑郁症方面，认知行为疗法绝对有一席之地。2018年，一篇发表在《心理学前沿》（*Frontiers in Psychology*）杂志中的文章指出："有确切证据表明，认知行为疗法是许多疾病的一线治疗方法，主导着社会心理治疗的国际指南。”[3]

这篇文章还指出：“话虽如此，我们必须补充一点，尽管认知行为疗法的确灵验/有效，但仍有改进空间。因为也有很多情况中，认知行为疗法在有些患者身上全然无效，也有些患者在好转后还会复发。由此，我们预测，有必要对认知行为疗法进行持续不断的改进，以助推心理治疗向综合化和科学化方向发展。”

认知行为疗法的主要局限在于，该疗法没有教人们很好地理解“身体”在思想和情感方面到底发挥了什么作用。其实，在很多时候，你的想法之所以不能成功改变你的感觉，原因在于身体。在癫痫发作这件事上，一开始朱莉举步维艰，因为她总试图用心理疗法来解决身体问题。认知行为疗法属于心理疗法，因其主要通过调用思想的力量来改变人的感觉；身体疗法则使用“感觉”的力量来改变“想法”。二者相得益彰，都可以为我们所用。只有让逻辑脑重新上线，你才能发现诸如积极思维、自我肯定、鼓励自我对话等认知工具的作用。对于与身体有关的解决方案，接下来我们将详细讨论。

感觉、情绪和思想——有何不同？

正所谓，对症下药，方可药到病除。如何准确无误地为你的体验命名很关键，因为这是改变它的第一步。假如你还不知道如何恰当地表述自身情况，任何形式的干预都可能会失灵。举个例子，如果你腹痛难忍，赶到急诊室，却不能向医生准确描述你的症状，医生可能会作出错误的诊断，例如给你施以阑尾切除术，而实际上，你需要的只是治疗膀胱感染的抗生素。感觉、情绪和思想看似相似，实则不同，人们之所以被卡住，一个主要原因就是分不清三者之间有何差异。一旦懂得如何进行识别、审视和区分，你的情绪乃至整体的幸福感就都会发生翻天覆地的变化。心理健康界不加区别地使用“感觉”“情绪”“思想”这三个词，对人们造成的伤害着实不小。在此，给大家区分一下。

感觉

感觉是由一系列“躯体感觉”组合而成的。也就是说，感觉纯粹是身体上的体验。如果你累了，你可能会感到眼皮沉重、有气无力、昏昏沉沉。焦虑就是一种感觉，因为它由一连串的身体感觉交织而成，比如心跳加速、掌心冒汗、口干舌燥、胸口发紧，等等。疼痛、紧张、放松、耳鸣、头晕、发冷、过热、疲惫等，都属于感觉。

正确认识感觉为什么很重要？为了让你的大脑慢下来，回归理性状态，你需要把你的个人解释（即故事）和情绪从等式中统统移除。此时，你关注的首要问题应该是，身体上的感觉。如果告诉自己，“我一定是出了问题”，这是一种解释，由此就会衍生出一个故事；如果告诉自己，“我应该能搞得定”，就会衍生出另外一个故事。要是你把“故事”附在“感觉”之上，就会进入一种卡定状态。因为此时，你应该精简问题，而不是将之复杂化。简化问题是脱离苦海的第一步。

当有人满载情绪和故事来到我的办公室时，我抛出的第一个问题就是：“你身体的哪一部位感到不舒服？”当你从故事和情绪中脱出身来，把注意力首先集中在躯体感觉上时，心烦意乱的感觉就会立刻消减几分。这是何故？原来，你的体验会因你的观察方式而改变。

情绪

情绪与故事和感觉如影随形、相依相伴。周二，你可能会产生下巴酸痛、心跳加速、时不时想双拳紧握等一系列躯体感觉。你为此感觉非常愤怒，此时，你的故事是：那个朝思暮想的提拔机会并没有你的份。周六，同样的躯体感觉可能会再度来袭，你再次陷入了下巴酸痛、心跳加速、双拳紧握的感觉中。但与周二不同，这次你不再带着愤怒的情绪去体验这些躯体感觉，而是悦纳它们，因为半程马拉松的开跑指令即将打响。为了这个比赛，你可是汗流浃背地训练了整整一个夏天呢！同样的躯体感觉，为何你在周二感到愤怒，在周六又感到兴奋呢？躯体感觉没变，但你的故事变了。

感觉 + 故事 = 情绪。

我们附加在躯体感觉上的故事其实是我们情绪的缔造者。

感觉 + 故事 = 情绪

人们通常不会把扭伤脚踝后产生的疼痛称作情绪，也不会把胃痉挛描述成情绪。这些本来都是感觉嘛！为什么要区分情绪与感觉呢？因为心烦意乱的情绪是很可怕的，它会让人们将那些羞耻感、努力还不够的故事投射到一系列不可控的躯体感觉之上。如果你将感觉视为身体上具体的生理反应，而不是那些抽象的、虚无缥缈的故事和情绪，这些躯体症状会变得更容易控制，并因此得以缓解。知道我是怎么帮助不堪重负的客户解除卡定状态的吗？第一步就是帮他们建立一个被卡住的宽泛概念，然后将其转化为看得见、摸得着的东西。是不是很好奇该如何操作？那我就以29岁的玛蒂为例说明一下吧。当时玛蒂来找我治疗时，浑身不停地冒汗，气喘吁吁。

玛蒂："我感觉快疯掉了。我好焦虑啊，应该也没几天活头了。我也好恨自己，怎么整天这么想，一点长进都没有。我到底是怎么了？"

我："你看起来的确很烦躁。你能告诉我，这种感觉位于身体的哪个部位吗？"

玛蒂："我感到胸口发闷，而且心脏一直突突地跳。"

我："你愿意专注地感受一下你的胸闷吗？"

玛蒂："愿意。"

我："太好了。你感觉到的胸闷有什么具体特点？能否跟我讲讲？有什么颜色或形状吗？"

玛蒂："感觉像一个红色的大球。"

我："这个红色的大球大概有多大？你能确定它的上缘和下缘分别在哪里吗？"

玛蒂："感觉像个葡萄柚那么大。上缘就在我喉咙下方，一直到胸部中间这个位置。"

我："请把手放在这个部位，好吗？如果这个柚子大小的球能开口讲话，你觉得它现在需要你做什么？"

玛蒂："我想它需要我放慢速度，试着去关心它。"

我："放慢脚步并关心它，对你来说有什么意义吗？"

玛蒂："嗯，坦白讲……有意义。这周真的很疯狂。我平时的健身、饮食计划都被搅乱了。因为妈妈感冒了，状态不好，我要照顾她。我觉得她今后的生活都需要有人照顾……”

从那会儿开始，玛蒂开始平静了一些，其逻辑思维开始工作。我借机跟她谈论应该怎么照顾她的母亲，同时还不至于让她压力过大。当她把注意力集中到这些身体感觉上时，就不像刚才那么烦躁了，思维也清晰了很多。我跟她谈起卡住给健康带来的好处，玛蒂也惊讶地意识到她的那些“能量”其实也是焦虑的馈赠。“当我真的停下来去想这件事时，”她承认道，“我发现之所以一直以来忙得不可开交，是担心如果不这么做，会让抑郁占上风，那我可真废了，什么都干不了了。焦虑固然可怕，但它确实赋予我很多能量。”

审视你的信念和行为带来的好处颇为重要。停滞不前时，与其自惭形秽，还不如看看由此衍生出了一个什么样的故事。在玛蒂的案例中，一旦弄清楚她压抑已久的感受，并让她意识到自身的需求，那个让她感觉疯掉的故事就有机会被改写。她会告诉自己，感到心烦意乱是理所当然的，毕竟一直以来压力太大，没有好好照顾自己——如此，也就释然了。

倘若把感觉和情绪混为一谈，就不可能找到解决方案。这如同在一个没有指示路标，连小路也被碎石挡得严严实实的国家公园里寻找出入口一样。在玛蒂的案例中，当我们把故事（“我要疯了”）和情绪（“我好恨自己”）从等式中移除，专注于感觉（胸闷）时，就能将这些碎片串起来。

思想

思想是一种心理结构，想法、信念、观点、意见和判断等都是思想。思想有时会在身体上有所体现，但不一定每次都会引发躯体感觉。每每想起那次全家在一起的海滩之旅，可能都会让你感到一股暖流沁入肺腑；每每想起婚姻破裂带来的伤痛，则可能让你感到头晕目眩、黯然神伤；某项任务拖了很久，想起时总会感到心慌意乱、茫然无措。正如你在前面读到的，认知行为疗法力求借助思想来改变感觉，这种做法固然有时很有效，但通常而言，即使人们心里很清楚有些想法不合逻辑，可仍习惯于原地打转，不想做出改变。

下次你再感到手足无措时，不妨花几分钟时间注意一下身体有什么异样的感觉，再带着好奇心去找找这些感觉想跟你分享什么秘密。然后扪心自问，被卡住后有何收获。在这个过程中，请尽量不要进行自我评判，也不要为一些行为而自责。这些练习只是用以查验事情的真伪，并为此找寻一些数据支持。你无须火上浇油地自责自怨、自暴自弃。记录一下躯体感觉以及被卡住的状态让你获得了何种益处，这样有助于你放松心情，减缓焦虑症状。

总结

上述将焦虑症状归因于身体感觉的说法，势必会引发很大争议。毕竟大部分人都将焦虑视为精神疾病，从而将“锅”结结实实地扣在自己身上。被逼无奈，我们也只能在未曾涉足的内心世界中努力拼搏，希望能够从中杀出一条“血路”来。有时，我们会特别在意诊断的结果，因为这样就能找到一帮同病相怜之人，互相沟通彼此的感受。痛苦之时，他人的陪伴会让你感觉更健康、更快乐，你可能还会很快发现，自己所获的安慰远比自己原来的圈子和玩伴所能给予的要多得多。正如玛丽安娜·威廉姆森（Marianne Williamson）在她的《发现真爱》（*A Return to Love*）中所说：“我们内心最大的恐惧不是自己力不能及，而是能力无可限量。真正令我们感到恐惧的是我们的光芒，而不是黑暗。”

情绪、感觉和思想都需要我们热情接纳，并满怀好奇地与之交流。你需要勇于探索那些让生活更加多姿多彩的领域，如体验爱情，经营友情，努力工作，照顾家庭，努力在精神上元气满满，财务上收支均衡，身体健康，既能在工作上推陈出新，还不忘在生活中愉悦身心。当你开始关注身体内部的体验时，卡住就无须再扮演“救世主”的角色。只要你愿意倾听身体发出的信息，能够容忍一定程度的不适感，勇于审视平静表面之下的动荡和喧嚣，那么通往幸福的道路将畅通无阻。

我个人并不喜欢被卡住的感觉。尽管我与其他人一起日复一日地将上述观点付诸实践，但实施起来仍是一项不小的挑战。不仅如此，身体上不间断的不适感也会让已经冗长的待办事项清单变得更为复杂。我经常听到客户说：“我不知道能不能做得到，布里特。工作量实在是太大了。”的确，敏锐感知身体的变化、听懂身体的语言，同时还能挖掘出卡住潜在的好处并加以利用，可不是简单的事情。尤其是在刚刚开始的阶段，人们通常会手忙脚乱。然而，无论身体或大脑让我感到多么沮丧，我总会宽慰自己，也宽慰我的客户：“是的，这很难，需要投入一定的精力去处理。但如果置之不理，我们就得付出更多的精力去善后。”

至亲友邻一拍两散、工作机会稍纵即逝、献言献策未获重视、躺在床上迷茫颓废——千万别以为甘于卡住就一身轻松了，相反，需要做的工作会更多。故事里总有探囊取物般的魔法，但现实中的路却只有两条：一条是绕来绕去、无始无终的艰难之路；另一条是有始有终、实实在在的艰难之路。[4]你会发现，逃避痛苦往往不比直面痛苦来得更容易。

只有在了解自我，并在很大程度上接纳自我后，你才能体验到真正的快乐。接下来的章节里，我将教你如何破译身体语言。那些压抑已久的委屈、难以平息的怒火、磕磕绊绊的人际关系和不健康的生活习惯都有可能是卡住的诱因。你将会了解到解读大脑密码之法，设定人际交往边界感之妙，以及破茧成蝶、重获新生之美，并由此开启真实的生活。听懂了专属卡住的絮絮私语，你就能够快速找到缓解痛苦症状所需的资源，增加幸福感。对你而言，卡住不是什么可怕的事情，它是大自然为人类精心设计的一份礼物。卡住“由”你创造，“为”你创造，“经”你创造。

重点精华

1. 大多数行为都有附带的利好——即使是“不良”行为。

2. 卡住对健康有诸多好处。

3. 改变你行为的关键在于理解其基本功能。

4. 卡住可以让你免于经受失败之痛、被拒之苦。

5. 生存才是大脑的首要设置，而非幸福。

6. 神经系统经过精心设计，能够保存能量。

7. 羞耻感会让你难以脱身。

8. 对自身行为充满好奇心（而不是羞耻感），能让你解除卡定状态。

9. 我们的许多症状是身体感觉，而非精神疾病。

10. 通常逃避感觉比直面感觉更让人难受。

行为准则

做	不做
“我感觉到的东西在身体的哪个部位？”请通过这种自我对话与身体建立联系。	用“为什么”来折磨自己。 “为什么我总爱小题大做？”可不是个对你有帮助的问题。
问问自己，被卡住后，你收获了什么。	骗自己相信，卡住其实没有任何好处。 我们的行为总是有好处的，要不然这些行为就不可能存在。存在即合理。
想想看，如果解除卡定会发生什么。你是否会担心有些人际关系会伴随你感觉上的好转而有所改变？	害怕改变，并为此感到羞耻。 要知道，大多数人在一定程度上都害怕改变。
记住，你的大脑并不只对逻辑、思想或文字做出反应。	认为自己崩溃了或疯了。 行为是果，总有其因——即使我们不知道原因出自哪里。

5分钟挑战

1. 请写下曾对自己说过的所有“狠话”，然后在每条“狠话”后面都附上一句富有同情心的辩驳。例子如下：

批判性的自我对话	富有同情心的自我对话
“我太懒了，我一无是处。”	“我的大脑认为，保持卡住可以让我免受危险。”
“我永远都做不到。”	“我会尽我所能，继续努力。”

成本效益分析

2. 请坦诚地面对自己行为带来的收益。将下一页的图表誊抄到笔记本上，然后做一下成本效益分析。

3. 恐惧/需求/资源清单。列出你的三大恐惧、三大需求，以及可以为你所用的三大资源。

成本效益分析

行为	继续该行为的成本	继续该行为的收益	改变该行为的收益

1 来自菲尔·希基博士于2013年3月9日发布在Behaviorism and Mental Health网站上的一篇文章:《抑郁不是疾病：抑郁是一种适应机制》(*Depression is Not an Illness: It is an Adaptive Mechanism*)。

2 大脑的关闭机制详见第三章。请不要将这些信息等同为医疗建议或治疗方案。通常而言，无论实施何种形式的心理干预，必须率先对抑郁症状进行医学诊断。

3 来自丹尼尔·大卫（Daniel David)、伊万娜·克里斯蒂亚（Ioana Cristea）和斯蒂芬·G.霍夫曼（Stefan G. Hofmann）写的一篇文章《为什么认知行为疗法是当前心理疗法的黄金标准》(*Why Cognitive Behavioral Therapy Is the Current Gold Standard of Psychotherapy*)，《心理学前沿》(*Frontiers in Psychiatry*)，第9卷，2018年第4期。

4 改变的过程有开始、有中间、有结束，但它不是一个线性的过程。

第三章

动机神话

你不会问肚子上插着把刀的人，是什么让他们快乐；
快乐对他们而言，毫无意义。

——尼克·霍恩比（Nick Hornby），《如何是好》（*How to Be Good*）

如果你是一位生活在16世纪的女性，那可真不幸。因为那个年代流行的一本书叫作《女巫之锤》（*Malleus Maleficarum*），号称狩猎女巫的必备手册。《女巫之锤》乍听起来有点像《哈利·波特》（*Harry Potter*）中霍格沃茨魔法学校里传授的咒语，然而，现实却比小说残酷得多。在当时，这本书被世人极力推崇，并在欧洲掀起了长达两个世纪的猎巫狂潮。《旧约·出埃及记》的第22章第18节写道："行邪术的女人，不可容她存活。"当时的大学者和神学家们便望文生义，写下了这本《女巫之锤》，一时被奉为圭臬，风头无两。它的影响之深远、结果之恶劣远超人们的想象。女巫和巫术带来的男尊女卑思想一直延续至今。

或者，你想象一下16世纪人们看病的情形。隔离和殴打是当时治疗精神疾病的标准疗法。人们认为，那些精神错乱的人，是被魔鬼附身了，会危害社会。如果不幸沾染了瘟疫，医生会将病人全身涂满水银，然后放进烤箱，通过炙烤来阻挡疾病的侵袭。而放血（一种将身体血液排出的疗法）则是当时治疗发烧的标准操作。若不幸碰上弗朗索瓦-约瑟夫-维克托·布鲁塞（François-Joseph-Victor Broussais）医生，病患将"解锁"水蛭爬满全身的"终极体验"，因为布鲁塞医生是水蛭疗法和放血疗法[1]的狂热拥趸，他坚信把水蛭放到患者发炎的部位可以达到治疗效果。

在16世纪，假如你吉人天相，逃过了操纵巫术的罪名和嗜血水蛭的叮咬，但却对貌美肤白怀有执念，很抱歉，你仍然难以幸免于难。英国女王伊丽莎白一世（Queen Elizabeth I）曾是那个年代的“网红”，喜欢浓妆艳抹、衣着靓丽、满身珠光宝气，可谓当时的“女神”。可是呢？据传闻，伊丽莎白一世钟爱的那款化妆品“威尼斯铅白”（Venetian ceruse），其实是水、铅和醋混合而成的有毒物质。这种混合物有着可怕的副作用，会导致皮肤褪色、头发脱落以及牙齿腐烂。天啊，看看当时的人们为了变美做的这些蠢事……

16世纪的这些“真知灼见”还孕育了另外一个影响至今的观念——懒惰或者缺乏动机是致使人们停滞不前的罪魁祸首。懒惰（lazy）一词源于16世纪的中古低地德语“lasich”，意思是身体虚弱、软弱和疲劳。尽管经历了几个世纪的发展，很多行为都获得了科学的解释，但人们还是倾向于冠之以“懒惰”，使其蒙上一抹羞辱和批判的感情色彩。值得庆幸的是，醋混铅粉的化妆品已经被废弃，水蛭/放血疗法也不再是默认的治疗发烧的手段。[2]“懒惰”是道德评判，而不是身体状态，它绝对无法代表你窝在沙发里时大脑里的实际状况。[3]

大脑的基础

读完本章，懒惰和缺乏动机将不再是你停滞不前的原因，你会获得更加实用的知识来帮助自己走出困境。如果读完整整一章关于神经元和胶质细胞的内容会让你很头疼，那么请不要担心，你不必看懂所有内容——只需要掌握一些能让自己行动起来的知识就足够了。参考以下几个例子：

◉要想开车，不一定非得当个汽车修理工。你只需要知道汽车没油的时候得开到加油站就行，而不是认为你的车已经彻底报废了。

◉要想治疗肠胃不适或感冒，不一定非得当个医生。如果突发不适，你只需要知道多喝热水、多休息就足够了，而不是一味想着我这是怎么了（如果症状严重，及时去看医生）。

◉想要摆脱精神上的困境，不一定非得去读个神经科学的学位。如果你亢奋到无法集中注意力，或者累得精疲力竭，你只需要知道如何去寻找解决问题的办法就足够了。

创伤也是我们需要谈论的话题。在你举手说“我没有创伤”之前，我需要声明的是，暴力、虐待或自然灾害之类的创伤不在讨论范围之内。同样，我们也不会要求你去回忆过去的那些伤心事，或去埋怨你的父母。如果你觉得自己并非创伤的幸存者，那么此章的内容简直就是为你量身打造的！[4]

为什么我们要探讨创伤？当你准备撸起袖子大干一番，大脑却拖拖拉拉的，不给力。这不是懒，你体验到的正是创伤反应（trauma response），或者说你的生存脑在发挥作用。

请允许我继续解释一二。

生存脑有自己的职责

大脑的首要功能是让你好好活着，而不是让你获得快乐。

你可能察觉不到自己在储存能量，那是因为大脑的大部分机制都是自动运行的。大脑里可没有投票箱这种东西，能够帮助你源源不断地搜集选票。大脑会让你远离危险，会让你时刻保持戒备，因为在它看来，活着就是一切。你可能想坐下来沉思片刻，但大脑却没有提前告诉你它仍保持紧张；当你最终下定决心开启自己的创业蓝图时，它却因为不知道未来的事业要如何发展而焦虑不安。

现在，即便你的周围没有任何危险，大脑也不会有丝毫松懈。因其首要功能就是预测我们的能量需求，科学家给这个功能起了一个名字，叫作“稳态应变”(allostasis)。在《关于大脑的七又二分之一堂课》(*Seven and a Half Lessons About the Brain*)中，丽莎·费尔德曼·巴雷特(Lisa Feldman Barrett)博士写道：“大脑最重要的工作就是控制你的身体以实现稳态应变，通过预测能量需求的增减帮助你采取有效、可行的措施，从而生存下来。”如果大脑的“能量预算”出了问题，你可能就会面临能量消耗过度或者能量不足的窘境。“能量预算”的失衡会给人们的身心健康带来众多不利影响。

设想这样一个场景：你认为只有酒精喷灯才能点燃生日蜡烛，然后你也这么做了，结果会是什么？可能是一团化成黑渣的蛋糕，甚至可能惊动消防队。一根小小的蜡烛可承受不起喷灯的巨大热量！我们再换一个场景：寒冬腊月的时候，你蜷缩在一根火柴旁取暖，想必你是感受不到温暖的。一根火柴提供的热量不足以帮你抵御严寒！当你的大脑的能量使用过多或者过少时，大脑就会进入一种“非稳态状态”(allostatic state)。该状态在你被熊追杀或者为奥运金牌奋战的时候能够助你一臂之力，但如果你忙了一整天想休息一下，或者想开启新的项目时，非稳态状态就没有什么作用了。创伤反应是指在没有危险的情况下，大脑却进入了非稳态状态。[5]

创伤反应

创伤反应可能表现为能量超载（焦虑/恐慌/注意力缺失）或能量负载（抑郁/疲劳/拖延）。要想解除卡定状态，你必须对创伤有基本了解——即使你认为自己并没有创伤。

“我明明很安全啊，为什么大脑会感到有危险呢？”

虽然你心里觉得是安全的，但身体的感知却不一定是这样。毕竟，人们无法通过意识决定身体是否感到安全。在《多层迷走神经理论口袋指南》中，史蒂芬·波格斯博士写道：“我们对安全所发挥的作用存有误解，很可能与我们自认为知道安全是怎么回事这一想法有关，但显然该想法站不住脚。因为我们用以描述安全的语言和身体对安全的感知并不一致。”大多数人都不知道如何对安全或者危险状态下的心理感受进行描述。比如，你上次问自己“现在，我身体哪个部位感到安全”是在什么时候？遗传、病史、原生家庭、环境、人际关系，甚至天气都会影响你对安全的无意识知觉（unconscious perception）。波格斯博士补充说：“神经系统会在意识察觉的领域之外，不断地对环境中的风险因素做出评估、判断，并设定相应行为的优先级。”

在安全策划过程中，逻辑和理性毫无用武之地。懒惰和缺乏动机不是恶习，而是创伤反应。研究成瘾机制的专家嘉柏·麦特（Gabor Maté）博士写道：“我们感受不到体内正在发生的变化，也就没法采取行动进行自我保护。压力产生的生理反应会逐渐吞噬身体……因为我们再也识别不了身体释放出的压力信号。”你对自己的创伤不得而知，并不代表你能避开它的锋芒。如果你不确定自己是否有创伤，以下指标可以为你提供参考：

- 优柔寡断。
- 过度道歉。
- 不会拒绝。
- 注意力缺失症/注意力缺陷多动症/强迫症[6]。
- 讨好型人格。
- 完美主义。
- 浮想联翩。
- 过度紧张。
- 讨厌惊喜。
- 懒散拖沓。
- 想做事却又不愿行动。
- 想休息却又无法停止工作。
- 反应过激（总是神经兮兮的）。

- ◉难以体会性爱的快乐。
- ◉难以毫无顾忌地享受美食。

看完这些，你可能会抗议道："等等，我从来没有参加过战争，没有遭到过侵犯，也没经历过自然灾害或类似的任何事情啊！你怎么能说我有创伤呢？"

"有创伤"并不意味着你要经历一个糟糕透顶的童年，或者有过一段压抑惶恐的记忆，抑或遭受过侵犯和虐待。为什么人们对创伤有这么多误解？下面的事实可能会出乎你的意料：

很多心理治疗师没有接受过大脑或创伤方面的专业知识训练[7]。

我们平时很少有机会接触到与大脑有关的知识，更不可能知道如何去识别创伤、治疗创伤。如果治疗师要学习这些知识，他们就要主动报名参加耗时不短的专业培训。[8]我的许多客户向我倾诉，他们存在睡眠问题，精神紧张，难以达到目标，也不能掌控自己的思想。其原因在于他们并未搞懂什么叫作"有创伤"。我常听到这样的话：

"我没有创伤——我有的是钱，不愁吃穿。"

"我没有创伤——我小时候没有被虐待过。"

“我没有创伤——我从来没经历过什么不好的事。”

“我没有创伤——我的家人很棒。”

“创伤？闻所未闻……”

回到前面提到的例子，如果你不知道给车加油，车就会原地罢工。如果你得了肠胃感冒还不休息，身体就会一直病恹恹的。如果不知道创伤是如何产生的，你就会一直保持卡定状态。下面让我用最简单的语言告诉你为什么会这样：

你有创伤的隐患，不仅你有，我也有，其实每个人都有。只要是人，就难免会有这样或那样的创伤。

这个说法很容易惹恼某些人。作为家庭暴力和性侵犯的亲历者，我深表理解。他们极力回避每个人都有创伤的说法，同时会反驳：“好吧，如果所有人都有，那就相当于所有人都没有。如果每个人都有创伤，那岂不是说发生在我身上的事无足轻重吗？”与此相反，不承认自己有过不公遭遇的人对创伤的理解则比较固化，他们通常有这样的担忧：“好吧，如果我有创伤，那就是拜父母所赐。我是不是该对他们满怀痛恨，然后辞掉工作，在接下来的10

年里接受治疗？”我们先暂时搁置这些争论。为了弄清你到底有没有创伤，我们还是要从创伤的定义开始说起。

什么是创伤？

在创伤的定义上，我采用彼得·莱文博士的说法。莱文博士是一名精神创伤治疗方面的专家，也是躯体体验疗法的开创者，该疗法倡导以躯体为中心治疗精神创伤。莱文博士在传记中指出，其疗法融合了围绕压力开展的跨学科研究成果，其中包括“生理学、心理学、动物行为学、生物学、神经系统科学、真实的临床实践和医学生物物理学等诸多领域”。他认为任何“过多、过快、过早”的经历都是创伤。创伤是发生在身体内部的生理过程，而不是发生在身体外部的客观事件。莱文博士写道：“创伤不是指发生在我们身上的事情，而是在缺乏同理心的情况下我们内心的感受。”所谓发生创伤，是指大脑丧失了信息处理能力。简言之，创伤类似大脑对信息消化不良[9]，创伤反应则是消化不良带来的结果。虽然“创伤”这个词听起来吓人，但在这里它只是用来描述大脑不堪重负的一种说法。

你可能不认为自己是一名创伤亲历者，但你是否感到过惶恐不安、不知所措？

你是否有过大脑完全不在工作状态的时候？哪怕你再怎么骂自己，让自己动起来，最后该干的事还是没干。为什么会这样，你有没有问过自己？

这就是创伤反应。你的大脑认为当时停工就是你活下去的最好方式。

你是否有过如下状况：夜晚无法入睡、精神无法放松、步伐无法放慢、精力无法集中，或者为了追求所谓完美，把自己弄得精神高度紧张？

这也是创伤反应的表现，人们形象地称之为战斗或逃跑反应模式。

对创伤的误解

那些令人崩溃的事情恰恰是大脑想让我们活下去所做的努力。创伤反应经常被误诊，阴差阳错地被贴上精神疾病的标签。要知道，精神问题，并不一定是精神疾病。[10]这些症状之所以产生，是因为需求没有被满足。[11]创伤不是疾病——它只是一种伤害，并且是能够被治愈的。下表给出了种种与创伤有关的误解。

创伤不是疾病——它只是一种伤害，并且是能够被治愈的。

误解	真相
我需要原谅（某人/某事），否则就好不了了。	原谅是一种理想的精神状态，我们不需要通过原谅来治愈创伤。
拖延是性格懦弱的一种表现。	拖延是大脑的创伤反应。
我一事无成，都是懒惰惹的祸。	懒惰也是一种创伤反应。
如果他们不是有意要害我，我就大可不必太在意。	意图和影响是两码事。他们可能不想伤害你，但仍然让你受伤了。
我可以自己想办法摆脱拖延症。	一旦想通了，积极的自我激励当然再好不过。但在你的大脑感到安全之前，你无法集中精力进行思考。 *“在情绪脑中，杏仁核就相当于警报器，一旦你遭遇危险，警报器就会鸣声大作，你再怎么顿悟也不可能让它沉默。” 巴塞尔·范德考克《身体从未忘记》。
我可以通过羞辱自己来摆脱懒惰。	如果对自己大喊大叫有效果，那么大可一试。
创伤需要花费一生的时间来治愈。	你不需要花上10年时间进行治疗，让自己的大脑走出生存模式。
想不起来的事情对我们产生不了影响。	你的身体会记录一切，即使是那些想不起来的也不例外。
我需要重拾记忆才能治愈创伤。	解除卡定与重拾记忆没有关系。
创伤是一种精神疾病。	创伤只是一种伤害，它可以被治愈。
只有发生在我身上的事才会造成创伤。	目睹他人的经历也可能会给你带来创伤，这就是所谓的次级创伤（secondary trauma）。

续表

误解	真相
我需要知道自己为什么会有这种感觉，如果无从知道，那就说明我有问题。	你可能不知道自己为什么会这么焦躁不安、心烦意乱，但这一切都是有迹可循的。你没疯。
我只需要放松下来，做个深呼吸即可。	尝试用深呼吸的方法强迫自己放松只会让身体再度受创，事情反而会越变越糟。
只有不好的事情才会导致创伤。	任何超出大脑处理能力的事情都可能造成创伤。
我需要说出我的经历才能治愈创伤。	你不需要说出你的经历（甚至你都不需要知道），创伤一样可以痊愈。

看到这里，估计有人会迷惑不解，心里犯嘀咕了：“等等，如果创伤不是发生在我们身上的事情，而是发生在我们内心的事情，那对于虐待、压迫、战争以及诸如此类的事情，又该作何解释？”我们需要区分创伤、创伤性事件、创伤诱发事件以及创伤反应。

◉**创伤：**大脑无法消化或处理信息时的内在状态。换个词，也可以叫“宕机”。

◉**创伤性事件：**所有人都一致认可的可怕事件，通常会留下长久的后遗症，如虐待、战争、自然灾害、系统性压迫、种族主义、贫困、性侵、暴力。

◉**创伤诱发事件：**不一定会造成伤害，也不是不道德的事件，但是仍能引发不安和焦躁，如分娩、结婚、做手术、移居、减肥、约会、新工作等。

◉ **创伤反应：** 基于大脑的感知。当大脑感知到能量需求后，它要么给你来杯“醒脑汤”（恐慌/焦虑/注意力缺失），要么直接“宕机”（抑郁/疲劳/拖延），至于这个需求是不是真的，并不重要。

有关创伤的常见异议

“你说不想打扫卫生是因为创伤反应在作怪？这听起来就像你在找借口一样。”

如果你在Twitter（社交媒体）上一逛就是5个小时，这可不一定是你缺乏积极性，而是你的大脑认为，你需要保存能量。在治疗创伤的过程中，“动机”这个词和“懒惰”一样，传达的意思都不太准确。“动机”（motivation）来源于拉丁语的“*movere*”，意思是移动。以目标为导向且有意识参与的过程就是动机，它是一种有意识的行为，但大多数身体反应是没有意识的。为了这些自发的身体反应而苛责自己，显然没有任何意义。彼得·莱文医生写道：“动物从来不把躺在地上装死看作胆小或软弱，人类就更没有必要这么想。”

我们认为正在发生的事情：

生存脑认为实际正在发生的事情：

“这是否意味着我可以跟老板说‘我今天真的很想去上班，但我的生存脑却叫我刷刷猫咪视频’？”

你当然不能这么说。了解生存脑的机能可不是用来给拖延当借口的——它只是负责解释拖延。如果你不知道大脑在干什么，也就不可能想出有效的解决办法。把自己称为懒虫不会带来改变，但会带来耻辱感。告诉你这个科学道理并不是为你窝在沙发上无所事事的行为开脱，而是让你知道现在有足够的理由离开沙发了。我们将在本章后面讨论如何引导你的大脑脱离生存模式。眼下，你只需要记住：如果羞辱自己能让你振作起来，那它早就应该奏效了。

“我很难集中注意力，就好像脑子里装着成千上万的事情。有时，我甚至连最简单的小事都做不好。我写一封三句话的邮件竟然要两个小时！”

我明白。如果你很难集中注意力——即使再小不过的事也会如同崇山峻岭般难以翻越，这并不是因为你崩溃了。当大脑感受到威胁时，除了生存，它不会关注其他任何事情。想象一下，当你即将被老虎吞进肚子的时候，你还有时间想待办事项清单吗？

“你是在告诉我，我有创伤。我从来没碰上什么不好的事，为什么还会有创伤呢？”

我们认为正在发生的事情：

生存脑认为实际正在发生的事情：

想想吃的吧。任何食物都有可能引起消化不良，即便是吃过无数次的东西，也会有可能让你消化不良。虽然不是所有食物都会让你消化不良，但是，所有食物都有引起消化不良的可能。创伤也是一样的道理。如果经历过战争、虐待、自然灾害或侵犯，那么你很可能会出现创伤反应。[12]正常的事情也会造成创伤。大脑是一个高度复杂的网络，无时无刻不在接收着海量的信息。并不是所有信息都会让你的大脑不堪重负，但所有信息都有让大脑崩溃的可能性。不过，消化不良不能阻止我享用奶酪蛋糕，同理，创伤也不能阻止你享受生活。

人有离合，月有圆缺，谁都难逃生活的起起落落。但我坚信过去的就应该让它过去，没有什么比当下更重要。我坚信人不应该为鸡零狗碎的事情所困。

对于什么是小事，大脑有自己的一套判断逻辑。如果大脑认为你有危险，看似微不足道的小事也可以是举足轻重的大事。如果真的能让往事随风，就不会有人深陷其中，难以自拔了。只有大脑意识到过去的事情已经过去，创伤才能够被治愈。过去的事情也只有被大脑消化殆尽，才会真正过去。所以我们的目标是让大脑消化以往的经历，而不是命令自己克服它们。消化往事意味着你能够感受到自己的

过去的事情也只有被大脑消化殆尽，才会真正过去。

各种情绪，但不再手足无措、惶恐不安，也不怕回忆那些痛苦的遭遇，真正达到一种“此心安处是吾乡”的心境。

懒惰与动机的真相

哪有什么缺乏上进心或懒惰的人啊！人们总是积极地迎接每一天的朝阳。你的大脑要么在积极地做出理性的选择，要么在积极地从威胁中寻找脱身的机会。当你说“我正在和动机做斗争”，你真正的意思是“大脑认为它需要保存能量才能让我活下去”。当听到客户们说自己“无法专注”时，他们通常的意思是“我的大脑认为我需要保持警惕，这样才不至于被猎豹吃掉”。

人的存活反应受多种因素影响，包括遗传、生理、安全和资源状况、特权、家庭关系、社交网络、邻里关系以及病史等。幸好，我们不用知道大脑为什么要有创伤反应，或者大脑对什么刺激有反应。照理说，你可以认为一切安好、事遂心愿，可一旦你的大脑认为有威胁，求生的生理机能便会夺回主动权。有时候，大脑对危险的感知会让人情绪低落，并引发疲劳、抑郁、积极性不高等症状，导致压力、恐慌、焦虑、分心等感觉。

平衡的“神话”

有时，你会感到抓狂，部分原因可能是有人教过你要在生活中寻求平衡。许多养生大师都倡导这么做，并且认为绝对存在一个能够让我们找到平衡的地方，特别是在我们内心的秘密世界里（我们会在下一章节中讲到）。但平衡并不是健康的神经系统运作方式，事实上，现实世界不存在真正的平衡——你的身体不可能既在跳舞，又在睡觉。平衡不是目标，相比静态（固定）的神经系统，动态（移动）的神经系统才是我们的目标。一个动态的系统不仅能够灵活改变，还能实现动静之间的平稳过渡。

动态才是神经系统健康的标志

你的自主神经系统[13]中有两个部分：负责开启功能的交感神经系统（sympathetic nervous system，SNS）和负责关闭功能的副交感神经系统（parasympathetic nervous system，PNS）。如果把交感神经系统比作汽车的油门踏板，副交感神经系统就是刹车踏板。开车时，你可以在踏板之间来回切换，车辆不会因此产生抖动、刹车异响或者轮胎打滑。一个健康的神经系统也是如此，能够顺畅地实现动静之间的切换。

动态的应有模式

休息 / 活动
平静 / 激动
冷静 / 活跃
自我保健 / 关爱他人

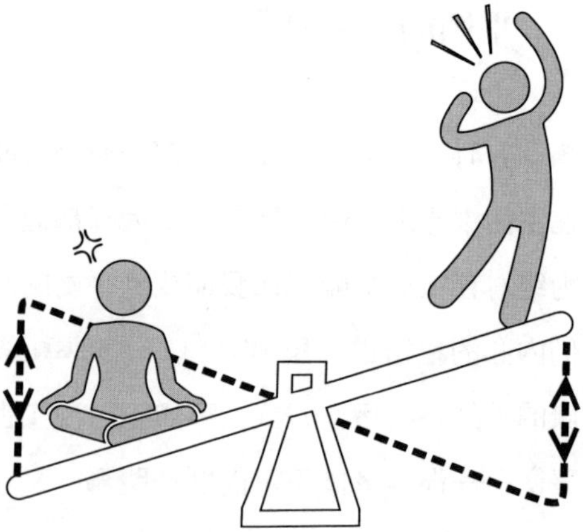

猛踩油门模式

交感神经反应就好比你的神经系统一直处于踩油门状态。这时，你会表现出分心、不安、紧张、焦虑、恐慌、易怒等症状，通常还伴有血压上升，心率加快，以及消化功能紊乱。你的身体已经做好了随时搏命或者逃命的准备。在紧急情况下，交感神经反应的作用至关重要。但如果神经系统一直踩着油门加速，那就像开着一辆没有刹车的汽车一样危险。交感神经反应过于活跃是指明明周围没有什么危险信号，你的身体却觉得有危险。这种过于活跃的反应会导致身体释放出大量的应激激素，使人产生恐慌、莫名爆发的愤怒、情绪负担过重、失眠、思绪混乱、炎症、呼吸问题以及大量出汗等症状。[14]

紧急刹车模式

副交感神经系统就像身体里的刹车系统。你不仅需要正常刹车，让车子慢下来，还需要在碰到突发情况时紧急刹车，让车子迅速停下来。紧急刹车一旦介入，你就再也动不了了，只要它不解除，你怎么驱使车子都没用。和车子一样，副交感神经系统也有正常刹车和紧急刹车两套系统。

当你觉得精力充沛、沉着冷静、心平气和时，这是正常刹车在工作，这也被称为低背侧迷走神经张力状态（low tone dorsal vagal state）。[15]紧急刹车介入时，你会感到筋疲力尽、懒得动弹、情绪低落、浑身僵硬、麻木迟钝[16]，这被称为高背侧迷走神经张力状态（high tone dorsal vagal state）。当你干劲满满、喜欢社交、对一切充满好奇时，恭喜你进入了腹侧迷走神经状态（ventral vagal state）。

好了，术语说得够多了。下面这张秋千示意图能够帮助我们更好地理解神经系统。

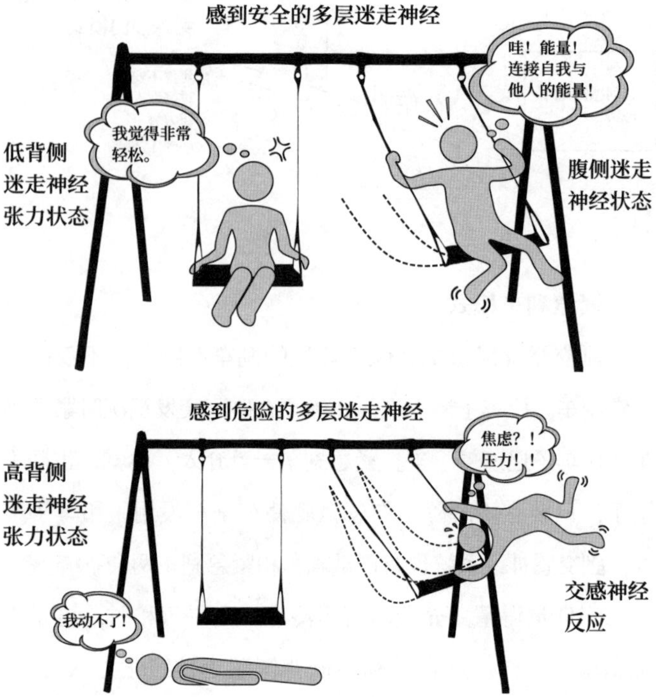

好吧，我有创伤——那现在怎么办？

熟练解读身体语言是控制创伤反应的最佳方法。大多数人没有学过如何辨别危险和安全时的身体感觉，大多数心理治疗师也不会过问。心理健康不能用强弱来衡量，它只是指对安全和危险的不同感知。当感到安全时，大脑没必要表现出什么征兆。下面章节的练习会帮助你找到让身体感到安全的方法。不过，千万不要把这些方法当作包治百病的灵丹妙药，也不建议用它们替代正式的治疗或护理。还有一点也非常重要，你必须牢记，一旦你感到所处的环境不安全，你的生存脑就会被激活。这不是你的错。

紧张不安——如何控制交感神经反应

1. 告诉自己，我有创伤反应。这是一个正常的心理过程。我没疯。

2. 列出你喜欢的人、地点和事情，想想和心爱的人相拥，坐在沙滩上晒太阳，抱着喜欢的书打盹。关注一下，在上述情况下，你的身体有什么感觉。

3. 多去感受，重力毯、精油、轻音乐和热茶都可以帮你把升起的“跷跷板”压下来。

4. 从31开始倒数。[17]

5. 留意你能看到的5个东西、你能听到的4个东西，你能摸到的3个东西、你能闻到的2个东西、你能尝到的1个东西。

6. 尽你所能去推门或者去推墙，找找让肌肉燃烧的感觉。然后后退一步，稍作休息，重复3遍。

7. 在脑中做些简单的数学题。你可以随身带几张小学生使用的数学卡片。简单的思考会帮大脑重新找回状态，缓解恐慌情绪。

8. 说出身体的感受。大声地说出来，我觉得脖子很紧绷、我觉得胃很胀、我觉得脸很热，然后找一个能让你感到放松或者平静的身体部位（例如左腿膝盖或者右手无名指等部位，大多数人都能因此感到放松）。先把注意力集中在放松的部位，然后移到紧张的部位，再回到放松的部位。重复做4分钟。

9. 不要问为什么感到恐慌，要问谁或者什么能让你感到安全。

10. 如果你是“铲屎官”，不妨轻轻地把手放在狗狗或猫咪的心脏位置，花3分钟数一数它们的心跳。

情绪低落——如何控制高背侧迷走神经张力状态

1. 提醒自己，我不懒惰，也不缺乏积极性。告诉自己，我在经历创伤反应，我知道它是怎么回事。我没疯。

2. 冲个凉。往脸上浇点冰水，手里攥个冰块，脖子上敷个冰袋，或者来次挑战极限的凉水澡。

3. 社交是一剂灵药，不妨与好友打个电话（好）、进行视频（更好）或见面谈谈（最好）。[18]

4. 不要问自己为什么感觉浑身僵硬，要问谁或什么能让你感到安全。

5. 不要说“我快被活埋了”或者“我快被淹死了”这类夸张的言语，这些话只会强化你的应激反应。相反，你要说些真实、具体的内容：“我需要给儿子的老师打个电话，我需要看看处方，我需要写一份工作提案。”把具体的任务写下来，这会帮助你的大脑回到解决问题的模式。

6. 吸一口柠檬汁。这听起来很奇葩，但是酸掉牙的柠檬汁会让大脑瞬间打个激灵，帮助你恢复工作状态。

7. 动动嘴巴，转转头，活动活动四肢。这是在提醒大脑，你的胸口并没有压着块大石头。

8. 抓住毛毯的两端，想象一下它湿漉漉的样子，然后使劲儿把它拧干。当你这样做的时候，你的肌肉是不是已经燃烧起来了？休息一下，再来3遍。

9. 如果你有一个安全靠谱、积极乐观的朋友或者伴侣，你们可以试着进行2~3分钟的眼神交流。虽然超级尴尬，但最后的笑场会让你们意外地觉得精力充沛。

你的大脑还没定型

当今世界，生活纷繁复杂，但即便这样，也好过动不动就“狩猎女巫”或者被关进疯人院的那个年代。菲利普·鲍尔（Philip Ball）在《魔鬼的医生》（*The Devil's Doctor*）中写道：“在16世纪的欧洲，无论你是谁，都逃不过两件事——庆幸自己活过50岁；此后的生活将充斥着不适和痛苦。”随着时代的发展，医学上，无创手术和抗生素的发现给人们带来了更长久、更舒适的生活体验；心理学上，对创伤和大脑的研究则让人们过上了更加快乐、更具创造力的生活。美国加州大学洛杉矶分校医学院的精神病学主任医师丹尼尔·西格尔（Daniel J. Siegel）博士写道：“我们始终处于一种被创造和创造自我的状态。”这种不断变化和成长的状态被称为神经可塑性（neuroplasticity）。

神经可塑性意味着你的大脑一直在发展，它没有被定型，即使是让你最懊恼的习惯也绝非一成不变。你现在拥有的大脑与一周后、一个月后或一年后拥有的大脑是不一样的。你的大脑从创伤中恢复得越多，你未来能够做出的选择就越多。作家格雷戈里·马圭尔（Gregory Maguire）在小说《魔法坏女巫》（*Wicked*）中写道：“请记住，没有什么事情冥冥之中自有天定，东边的天不行，西边的天也不行。没人能掌控你的命运。”你无法改变过去，但是当你明白了大脑应怎么处理当下的时候，你就能掌控自己的未来。

你不懒，也不疯，更不缺乏动力。

重点精华

1. 心理创伤就是大脑的消化不良表现。我们或多或少都经历过。

2. 创伤反应是大脑对身体能量需求预算错误的结果。

3. 交感神经反应紊乱时，你会感到恐慌、焦虑、分心。

4. 高背侧迷走神经处于张力状态时，你会感到疲劳、沮丧、僵硬。

5. 大脑会判断你是否安全，并且不受你的意识控制。

6. “懒”是一种道德评判，而不是身体状态。

7. 你的大脑总是充满动力。它要么在积极地给你做选择，要么在竭力帮你摆脱危险。

8. 你需要的是一个动态（移动）系统，而不是一个平衡系统。

9. 心理创伤可以解释行为，但心理创伤不应成为行为的借口。

10. 创伤不是疾病，而是一种伤害，它可以被治愈。

行为准则

做	别做
提醒自己，即使你不知道为什么会心灰意懒，也不意味着你的大脑放弃了对危险的自发感知。	跟自己说，你找不到崩溃的原因。凡事都有因果，只是有些原因你没找到而已。
出现问题时，要鼓励自己。提醒自己，大脑正在帮你，而不是在害你。	承认自己懒惰或缺乏动力。 求生/自保的生理机制不受意识支配，是自发产生的。
当你紧张不安或者情绪低落时，要通过感官施加干预（摸、尝、看、听、嗅）。	试着想办法摆脱创伤反应。 只靠动动脑子、张张嘴，不可能摆脱这种自发的、生理上的创伤反应。
问问自己，此时此刻，什么可以帮助你提升安全感，或者减少被威胁感。	认为你碰到问题时，你的大脑会自动做它应该做的事情。

5分钟挑战

1. 做出选择是治疗创伤反应的一剂灵药。请在5分钟之内做出10个小小的选择，这些选择可以很简单，例如你想穿什么、吃什么、听什么，或者坐在哪个家具上。

2. 把令人绝望的反应转化成有助于问题得到解决的信息。尽可能说出问题的细节，这样能帮助大脑稳定在解决问题模式而非生存模式上。例如，不要说我快要憋死了。你应该把你的现状写在纸上：我得让孩子们跟父亲一起过周末，我必须在星期二之前完成我的项目，我需要支付逾期的水费，我得找个牙医看看蛀牙。

3. 整理一个“健康万能包”吧！把能闻、能摸、能看、能尝的东西全放里面（这对孩子来说，也是一项很好的练习）。你可以把涂色书、马克笔、酸酸糖、解压球、走珠精油、减压玩具、爱宠照片放进去。当然别忘了你的记事本，这样它就能时刻提醒你，创伤反应只是小状况，你并没有疯。

1 放血疗法是指通过排放血液来治疗疾病。来自格里·格林斯通（Gerry Greenstone）的文章：《放血疗法的历史》（*The History of Bloodletting*），《不列颠哥伦比亚医学杂志》（*B.C. Medical Journal*），第52卷，2010年第1期：12-14.

2 引自亚历山大·迪米特里杰维奇（Aleksandar Dimitrijevic）撰写的一篇精彩文章：《近代早期英国的疯狂》（*Being Mad in Early Modern England*），《心理学前沿》，第6卷，2015年：1740. doi: 10.3389/fpsyg.2015.01740.

3 提醒：此处用于描述大脑的用语极其简单，是一种象征表达，而非科学描写。

4 即使你经历过性虐待、暴力、自然灾害或严重事故，此处提到的这些信息仍然会让你受益。

5 “超饱和状态会对大脑和身体的调节系统造成磨损。术语‘非稳态负荷’和‘非稳态过载’指的是超饱和状态累积的结果。”布鲁斯·S.麦克伊文（Bruce S. McEwen）《有压力或压力大：区别是什么？》（*Stressed or Stressed Out: What Is the Difference?*），《精神病学与神经科学杂志》（*Journal of Psychiatry & Neuroscience*），第30卷，2005年第5期：315–318.

6 注意力缺失症、注意力缺陷多动症、强迫症是常见的创伤反应，但这并不意味着你不能使用药物加以控制。在停用任何药物之前，请遵医嘱。

7 有时候治疗师也接受有关大脑的培训，但知识通常比较陈旧。

8 了解创伤并不是治疗师的必修内容，且许多治疗师也都对自己欠缺的部分加以隐瞒。一定要询问你的治疗师是否进行过创伤培训。如若没有，则需要十分谨慎地对待诊断结果，不要将其视作绝对真理。

9 提醒：这是一个隐喻。大脑消化不良并非医学术语，也不要仅从字面上进行理解。

10 创伤反应并未否定这些现实——精神疾病、虚弱症状，或者需要服药。

11 在治疗创伤的过程中，选择不可或缺。有些人在财务、压迫、系统性崩溃或安全方面别无选择。对这些没有选择空间的人施以治疗，会加重其负担，还会延误创伤愈合的进度。

12 并不是每一起创伤性事件都会引起创伤反应。

13 你的自主神经系统还有第3个组成部分，叫作肠神经系统，但这超出了本章的范围。关于肠神经系统的主要知识分为3点：（1）它位于你的肠道内；（2）肠道健康对心理健康意义重大；（3）如果你排便不规律或不恰当，你的情绪可能会受到严重影响。

14 如果你出现医学症状，就放下这本书去看医生吧。在采取心理疗法之前，一定要排除医学上的原因。

15 dorsal指身体背腔，迷走神经会在该部分沿脊柱向下延伸。ventral指身体腹侧腔，迷走神经的腹侧部分连接面部肌肉并管理社会参与系统（social engagement system）。

16 创伤专家德布·达娜（Deb Dana）写道："背侧迷走神经会对威胁生命的信号作出反应，从而让我们置身事外，变得麻木不仁，并斩断与他人的联系。我的一位客户就在这种状态下找到了安慰。"

17 为什么是31？因为这个奇怪的数字会立即帮大脑回到思考模式。当然，任何你不常使用的数字都可以。这是一种有趣的干预。

18 "你可以使用社交神经系统（腹侧迷走神经复合体，VVC）确定你的安全情况。你可以环顾四周，倾听安全的信号，或者采取镇静、缓慢呼吸等策略帮助自己放松下来。所有这些动作都通过横隔膜上方的行动系统发挥作用。"阿里尔·施瓦茨（Arielle Schwartz），《多迷走神经理论有助于缓解创伤后应激障碍的症状》（*Polyvagal Theory Helps Unlock Symptoms of PTSD*）。

第四章

阴影商

为什么你需要自己厌弃的那部分

"人人都知道，甩掉阴影是不可能的。"臭鼬说。
"你既躲不过它们，也逃不过它们。"兔子说。

——安·汤伯特（Ann Tompert）《没有什么比影子更黏人》（*Nothing Sticks Like a Shadow*）

什么是“阴影”？

“阴影”（The Shadow）这个名词，乍一听好像是一部万圣节档电影，又或是罗伯特·劳伦斯·斯坦（R. L. Stine）笔下的儿童恐怖小说。不要担心，“阴影”既不可怕，也不神秘。就如自然界，光线被阻挡会产生物理学中的阴影一样，若是意识受阻，心里也会产生阴影。“阴影”其实是一个隐喻，用以描述我们羞于当面承认或害怕遇到的事情。如果心中住着一个创造力的阴影，人们往往比较务实；如果心里住着一个愤怒阴影，人们往往比较友善。或许，你害怕被他人当成小气鬼，所以处处表现得无欲无求。又或许，你害怕被他人评头论足，于是将自己的才华收敛起来。

作家奥利·安德森（Oli Anderson）在《阴影生活》（*Shadow Life*）一书中写道：“阴影源于你所有的自我否定，积极也好、消极也罢，都是阴影的一部分。阴影就隐藏在你的面具之下，不过你常常会忘了自己戴着面具。”本章的重点是“阴影工作”（shadow work）。这个名字很花哨，但内容其实很简单，就是希望大家“对自己保持诚实”。因为，只有当你识别出自己的阴影，给予它充分的理解，并与之成为朋友时，你才有可能走出它的势力范围。瑞士精神病学家卡尔·荣格（Carl Jung）曾以“阴影”为题撰写了大量文章。他说：“除非你意识到潜意识的真实存在，否则它就会主导你的人生，并成为你的宿命。”

为什么你需要阴影

我们学会了讴歌“真善美”，而全然无视人类整体的其他方面。

荣格还写道：“假如不能投下阴影，我又何以知道自己真实存在着？任何一个完整的人都必定有其阴暗的一面。”真实的世界必定是好坏参半的。然而，大多数人都没有学会如何包容一切，相反，每当碰到任何不被社会接纳的想法、感觉或品质时，就会立马与之划清界限。孩子们从小就被反复教育，世人有“好坏”之分，也在长期的训练中学会了讴歌“真善美”，而全然无视人类整体的其他方面。詹娜·麦克雷恩（Jenna Maclaine）曾说：“事实上，黑暗只是组成整体的部分而已。黑暗寓于中道[1]，不堕善恶两边，所谓的善恶皆在一念之间。”你的阴影亦然，本身并无善恶之分，好坏皆取决于你如何行动。你的阴影像极了火焰，既能给你带来能量和安慰，也能给你带来痛苦和毁灭。我们以电影《蝙蝠侠：侠影之谜》（*Batman Begins*）中的布鲁斯·韦恩（Bruce Wayne）和美剧《绝命毒师》（*Breaking Bad*）中的沃尔特·怀特（Walter White）为例，加以阐释。

布鲁斯·韦恩：童年时期，父母惨遭谋杀的痛苦经历给蝙蝠侠布鲁斯·韦恩种下了愤怒的种子。导师警告他："你的愤怒是你的力量源泉，但如果不加以控制，它就会毁了你。"[2]布鲁斯没有否认这种感情的存在，也没有刻意去加以压制，而是创造出了蝙蝠侠。对于布鲁斯而言，蝙蝠侠就是他的另一个自我。经由这个超级英雄，布鲁斯火力全开，将自己的满腔愤怒对准那些不公。在《蝙蝠侠：侠影之谜》中，布鲁斯·韦恩说："我是谁并不重要，重要的是我的所作所为。"布鲁斯·韦恩/蝙蝠侠是阴影整合（shadow integration）的范例，因其将自己黑暗的一面融入了意识之中。他感知到阴影的存在，却并未任其支配。

沃尔特·怀特：与布鲁斯·韦恩成功的阴影整合相比，沃尔特·怀特在《绝命毒师》中则展现了与之相反的一面——阴影分裂（shadow splitting）。剧中的沃尔特·怀特无疑是"好人"的缩影。他是文质彬彬、胆小怕事、轻言细语的化学老师，当被确诊癌症后，自身的阴影吞噬了他。最后，他变成了一个阴狠毒辣的大毒枭。权力和腐败逐渐侵蚀了沃尔特作为"好人"的所有痕迹，他甚至改名为富有象征意义的海森堡。

布鲁斯·韦恩和沃尔特·怀特的例子都很极端。虽然我们不驾驶蝙蝠车，也不制造冰毒，但我们也都有不为外人所知的那部分。电影《穿普拉达的女王》(*The Devil Wears Prada*)向我们展示了直面自己阴影的一个正面范例。

《穿普拉达的女王》中的女主安迪是一位雄心勃勃的时尚编辑(但在穿衣打扮方面则不能令人满意)。她自命清高，对与她共事的时尚达人，尤其是冷酷无情的女老板米兰达，颇有微词。由于未曾察觉自己的阴影，安迪渐渐地牺牲了自我，与同事之间的关系也如履薄冰。不过，她凭借一片赤诚之心博取了老板和一堆大牌服装商的赏识和认可。然而影片最后，安迪却惊恐地发现，她并不比老板好多少。因为，她发现自己俨然成了女魔头米兰达的翻版。好在安迪及时地正视自己的阴影，审视自己，自由地选择适合自己的道路。最后，安迪决定离开时尚圈，朝着自己热爱的工作进发。[3]

每个人身上都承载着人类所有的潜能——无论是好的，还是坏的，抑或是更糟糕的，通通都有。你脑子里是不是常常冒出一些千奇百怪、没头没脑的想法？我也一样。加拿大女作家玛格丽特·阿特伍德（Margaret Atwood）说：“如果我们全都要为自己的想法受审的话，那么所有人都得被绞死。”过去，我曾不顾一切地拼命隐瞒我的所思所想。为了达到这一目的，我甚至不惜搭上我的理智、安全和正直。

莫非绕着阴影走就万事大吉了吗？那可不是。

提升你的阴影商（SQ）

我的朋友克里斯汀·阿舍－柯克（Kristen Asher-Kirk）说：“如果我们能够完全接纳自己，就会获得更多的能量以关爱自己和所爱之人。”事情明明摆在面前，你却偏偏视而不见、置若罔闻，这就如同你想把一个充气皮球按在水下一样，得耗费多大的心力啊。而这些能量原本可以用来追逐梦想、尽享天伦之乐，或者投资事业。任何藏匿在阴影里的部分都不会一直乖乖待在那里，它们会以各种方式从生活的各个侧面冒出来，糟糕的心理状态、棘手的人际关系，或者那些说不清道不明的复杂问题，都是其四处捣乱的结果……你的所作所为越偏离本真，你的阴影面积就会越大。众所周知的中年危机（midlife crisis）就是这一现象的经典实例。你的阴影意识薄弱时，内部压力就有了可乘之机，它们借势发展，并最终将你引爆。

大家可能对智商（IQ）和情商（EQ）有所耳闻，但要解除卡定状态，你还需具备“阴影商”（shadow intelligence，SQ）。这个名词是我杜撰的。阴影商高的人对其自身的阴影了如指掌，他们通常能做自由的追梦人，而不必受制于盖伊·亨德里克斯（Gay Hendricks）所说的“最高极限”[4]（upper-limiting）——当目标近在咫尺时，会下意识地产生破坏这一切的倾向。阴影商越高，你就越有能力接纳自己的不完美，并享受成功的喜悦。《情商》（*Emotional Intelligence*）一书的作者丹尼尔·戈尔曼（Daniel Goleman）提供了一个这样的等式：

智商＋情商＝成功

戈尔曼的等式总结得恰如其分。然而对很多人而言，即便取得了成功，他们却仍然无力摆脱那种挥之不去的空虚感。因为只要没有大获全胜，人们就会无端地感到孤独寂寞、欲求不满。缺失的部分是什么呢？答案就是，阴影商。一旦将阴影商加入等式，一个强大的解卡公式蓦然出现：

智商＋情商＋阴影商＝成功和享受成功的自由

在阴影上下功夫还有什么好处？当你对自己开诚布公、坦诚相待，就拥有机会来探访那些藏匿于阴影深处的至臻至宝——创造力、能量、勇气……在由皮克斯动画工作室制作的电影《头脑特工队》(*Inside Out*) 中，乐乐 (Joy) 将忧忧 (Sadness) 视为危险分子和破坏分子，并不遗余力地让忧忧远离所有人和事，但在影片最后，忧忧力挽狂澜，挽救了全局。此时乐乐才恍然大悟：所有情绪都有价值。

纵然伤感是我们幸福链条上不可或缺的重要一环 (正如《头脑特工队》中的情节一样)，大多数人还依然冥顽不化，极力压制内心任何与痛苦沾边的想法和感受。殊不知，不入不适之洞穴，焉得阴影恩赐之疗愈灵药。阴影研究专家康妮·茨威格 (Connie Zweig) 医生和史蒂夫·沃尔夫 (Steve Wolf) 医生写道："只有当黑暗中的每一层阴影都得以曝光，当内心的每一种恐惧都得以正视……那耀眼的金光才会一泻而出，照亮心灵。"

阴影品质	**潜在馈赠**
怨恨	向你展示界线在何处
拖延	保护你免受潜在威胁的伤害
嫉妒	指向你的欲望
八卦	揭示你的交际需求
内疚	证明你不是反社会者

阴影的每个部分都可能蕴藏无价之宝。

阴影部分是什么?

我们都有过类似的经历，比如说，你的一部分知道应该多吃蔬菜、多锻炼身体，但另一部分似乎占了上风。受此影响，你最终选择了边大吃特吃冰激凌，边大过看电视剧之瘾。等你刷完一整季的《法律与秩序：特殊受害者》（*Law & Order: SVU*），抬头一看，已是凌晨3点了。

那你的另一部分是什么？显然就是阴影部分。

不管你喜欢与否，人类就是复杂的存在，既有美好的部分，也有刻薄的部分；既有积极进取的部分，也有懒惰拖延的部分；既有温柔慈悲的部分，也有冷酷无情的部分。你既不虚与委蛇，也不疯疯癫癫——你只是生活在一个“二元对立”的世界里：上升与下降、黑夜与白天、快乐与哀愁、疾病与健康。奥德希·辛格（Awdhesh Singh）在《通往幸福的31种方式》（*31 Ways to Happiness*）中写道：“幸福是一种平衡对立面的能力，而不是让人过分关注某棵真理之树，导致错过了整片真理之林。在一段时间内，你越是刻意地躲避某件事，这件事就越会在你心中生根发芽，并化身为一种渴望，搅乱你内心的平静，让你苦不堪言。”

“好吧，布里特，你是说，我现在可以把我的阴影部分放出来，然后让它们为所欲为吗？”

当然不是。

解决方案既不是对阴影部分不理不睬，也不是允许它们肆意妄为，其关键在于连通阴影部分，为其提供一个发泄路径。如何做到这一点？我们将在下一节中讨论。当你开始对自己的内心世界感到好奇时，你就会发现，真正想尽心尽力帮你的不是别人，正是最惹你生厌的那部分。

我们都有多重人格

当我首次向客户提及人人都有多重人格时，几乎所有人都会眉头一皱，继而立刻发问：“你是说，我有多重人格障碍？”

当然不是。

拥有多重人格可不代表你患有多重人格障碍。[5]每个复杂系统都包含多个组成部分。地球虽是一个整体，但其内部的大陆、水域、动物、天气则纷繁复杂、多姿多彩。一棵树是一个整体，但也离不开树枝、树皮、树叶、树根等各个部分的协同合作。同样，人的身体是由器官、关节和肌肉组成的，心灵也不例外。作为一个复杂的系统，心灵由多个子部分或子人格（sub-personality）组成。仅凭直觉，大多数人就能意识到它们的多样性。正如美国诗人沃尔特·惠特曼（Walt Whitman）所说："我辽阔博大，我包罗万象。"想一想你日常听到的那些话吧：

◉"我知道没什么好担心的，但总觉得哪里不对劲。"

◉"休息一会儿诚然不错，但我身体的一部分不想让我慢下来。"

◉"我深爱我的家人，但有时不知我身体的哪一部分也会对他们感到不满。"

◉"我真的很想把这件事坚持下去，但我身体的一部分是严重的拖延症患者。"

从这些部分的角度来看，拖延不是性格缺陷所致，而是内部抗议（internal non-consent）的迹象。当身体的零部件感到苦恼、恐惧或悲伤时，务必要倾听它们的心声，千万不要羞辱它们，或者迫使它们采取行动。[6]在我看来，解决上述问题最有效的循证法当数内部家庭系统（Internal Family Systems, IFS）疗法[7]。该疗法的创始人理查德·C.施瓦茨（Richard C. Schwartz）认为："一个部分不仅仅是暂时的情绪状态，或者惯性思维模式……这就好比我们人人都蕴含着一个社会，但每人的年龄、天赋和性情却千差万别。”

把你的各个部分想象成某部大片中的一群角色吧！惴惴不安的孩童角色、闷闷不乐的青少年角色、嗷嗷待哺的婴儿角色、苛责挑剔的父母角色等等，都是构成你的一部分。你要是不知道究竟该关注哪一部分，即便是采取最佳的自我疗愈方法通常也会以失效而告终。自我疗愈应该叫部分疗愈才对。一杯羽衣甘蓝奶昔不会给焦虑不安的青少年带来安慰，一次玩命的动感单车锻炼也不会让孤独寂寞的孩子感到好受一点。只有敲定“演员阵容”中的哪一角色需要什么样的照顾时，你才能更有效地实施解决方案。在你选择自我疗愈活动之前，先问问自己：

1. 我需要什么东西来“启动”系统吗？

2. 我需要什么东西来“关闭”系统吗？

3. 我身体这一部分的这种感觉持续多久了？

4. 怎样才能让这部分感到安全或更安全，或降低其危机感？

5. 这一部分是想要独处的时间，还是想与其他人建立联系？

对身体某一部分给予自我照顾，可能会给另一部分造成伤害。[8]因此要学会引导你的内在部分，以帮助你更好地辨别差异。

谁来负责？

在理查德·C.施瓦茨看来，人体的内部系统就相当于一支管弦乐队。要使乐队演奏行云流水，兢兢业业的音乐家自不必说，还需要各司其职的声乐组和大大小小的乐器予以配合。否则，音乐家们随便一坐，任意弹拉，“交响”变“乱响”，乐队就离解散不远了。乐队指挥的作用就是通过协同各个方面，将“噪音”变“乐章”。施瓦茨曾谈道：“一位优秀的指挥家必定对每一件乐器的作用、每一位音乐家的才能都了然于心。他或她熟知乐理，能准确感知到交响乐中最精彩的部分，从而指导出动静有致、节奏分明的华美乐章……这就是字面意义上的和谐。因此，我认为，每个人的身体系统里都有一位精明能干的指挥家。”

这位“精明能干的指挥家”的别称可多着哩！本我（essential self）、高我/精神自我（higher self）、灵魂（soul）、内在智慧（inner wisdom）、佛性（buddha nature）、基督意识（christ consciousness）、阿特曼（atman）、一元世界（unus mundus）、真我（true self）、内在导师（inner teacher）、圣灵（holy spirit）、内在领袖（inner leader）……不胜枚举。IFS疗法认为，内在领袖就是自我。总之，随你怎么称呼，关键在于，我们需要运用自我领导力（self-leadership）对阴影鲁莽冲动的特性加以管理，并由此来解除卡定状态。

自我领导的作用在于对压力源而非触发因素作出反应。

治疗也好，任何内在工作也罢，其目标都不是改变你自己，而是了解你自己，然后用技巧和同理心指挥内心的管弦乐队。我们习惯性地认为，自我同情（self-compassion）就是对自己说好话，虽然此言不虚，但真正的自我同情可不止于此。它会赋予你英勇无畏的探索精神，直至你遍阅内心世界的每一个角落。这一探索之旅，也是你与体内的所有部分交朋友的过程。真正的自我同情要求你对一切敞开怀抱，包括心灵中最阴暗的部分。诚然，并非一切行为都值得接受，但一切部分都有其价值。

正如你在第三章中读到的，你既不懒惰也不缺乏动力。原因在于，你听信了体内某些部分的谗言，对系统做了关闭处理。虽然这些部分的确会惹是生非、兴风作浪，但它们本身并不坏，因其目的仅是保护你免受其他阴影部分的影响。如果任由你的“部分”发号施令，你可能会变得疯疯癫癫、不受控制、游离不定、优柔寡断、不知所措。一旦你内部的指挥家，即“自我”掌权主政，你手里突然就多了一张万能通行证，通往IFS模型的大门全开，你就拥有了自我领导的八种能力：

- 信心。
- 冷静。

- ◉创造力。
- ◉头脑清晰。
- ◉好奇心。
- ◉勇气。
- ◉慈悲。
- ◉组织能力。

诚然，一开始了解你的部分时，你会觉得有点怪怪的。我的一位客户，42岁的杰克·丹尼尔，是位绝顶聪明的美股交易员，但他却有种自我毁灭[9]（self-destruction）的倾向，他告诉我说："一开始对阴影进行管理时，着实令人抓狂。感觉这会让我变得更加疯狂。"在我们合作治疗期间，他在"阴影日记"中洋洋洒洒地写下了以下这些话（以下内容已获授权）：

邂逅体内的阴影部分就像初遇小孩子一样，我不知道该如何与它们互动，也拿不准它们是否想与我互动。首要的问题是获取阴影的信任。唯有如此，我才能够分辨它们是谁，这些阴影都是我的化身。在我生命的不同时刻，它们根据世界和世人对待它们的方式幻化成一个个不同的我。通过重温过去的那些时刻，我也再次与过去的我面对面，这让我有机会更好地了解自己。我不再蓄意破坏我的工作、人际关系、生活的其他方面。因为以前我所接触到的那部分，只知道通过摔摔打打来表达自己。现在，我的“小家伙们”(阴影)对我重拾信心，相信我能把事情处理得井井有条。

自言自语的艺术

我们一直都在自言自语。通常而言，我们的自言自语满怀敌意且徒劳无功。你的大脑里有没有浮现过以下对话："天啊，这也太傻了！""我为什么要这么说？""我太懒了。""我今天哪有力气来打扫车库啊？"批判性的自言自语非但无济于事，还会让你停滞不前。如果你在想：我尝试通过自言自语来激发自己的积极性，却从未奏效，我只感觉越来越糟了……那么，我懂了。其实，自言自语存在一个秘诀，掌握这一秘诀，它就能效忠于你，而不是反对你。准备好了吗？

将你的内心“独白”变成内心“对话”，这就是自我对话行之有效的秘诀。

怎么做？

将内心独白变成内心对话的方法很简单，就是在自言自语时一定要使用你的名字(或指示你的代词)。研究表明，人们在自言自语时，将第一人称（我）改为第三人称（你的名字或你的代词）可以有效地改变心理系统。比如：

◉**第一人称**："'我'快被手头的事情压得喘不过气来了。"

◉**第三人称人名**："'布里特'快被手头的事情压得喘不过气来了。"

◉**第三人称代词**："'她'快被手头的事情压得喘不过气来了。"

同样，你也可以用第二人称"你"来进行自我对话。当你第一次将第二、三人称融入自言自语时，你可能会觉得既好笑又尴尬。为什么要进行这种练习呢？正如维克多·E.弗兰克尔（Viktor E. Frankl）所写："刺激与反应之间存在一个空间。这个空间赋予我们选择反应的能力。我们的反应体现了我们的成长和自由。"当你和压力源之间存在心理空间（psychological space）时，你就不太可能被卡在其中。而第二、三人称式的自言自语恰恰有助于创造出心理空间，甚至这种第三人称的自言自语还有一个正式的术语，即第三人称己称（illeism）。这种做法也获得了研究的支持。[10]《科学报告》（*Scientific Reports*）发布的一篇论文指出："最近的研究结果表明，人们在自我交谈时使用的指代自我的语言，会影响其对自我的控制。具体来说，在自我反省时，使用自己的名字指代自我，而不是第一人称‘我’，有助于人们在压力之下，更好地对自己的思想、感受、行为进行控制。”

为什么这种做法有效？一般来讲，我们会对自己更狠一些，但对他人则温和许多。第三人称己称能够帮助我们创设一个空间，并将本该给予他人的同情和善良融入其中，从而为我所用。不过，仅仅将你的自我对话从“我”切换到“他、她、你”，可远远不够。要知道，虽然许多人都试过这种方法，但并未奏效。因此，为了最大限度地发挥使用第二、三人称的效果，你还需要将自我关照（self-parenting）的原则应用在自我对话中。

什么是自我关照？

自我关照意味着，你怀揣善意和慈悲之心与自己的所有部分展开对话。约翰·布拉德肖（John Bradshaw）在他的《回归内在》（*Homecoming*）中写道：“你若学会了如何重新养育（re-parent）自己，再想弥补孩童时期的缺憾时，你就不必寄希望于别人来充当父母角色。”如果你总需要寻求到他人的认可才心安，或者时不时会感到精疲力尽，说明你仍在奉行“他人为双亲”这一逻辑。把自我关照的工作寄希望于他人，无异于放弃自身对生活的掌控。倘若没有自我关照，我们对内在幸福的追求就只能求助于外在资源。

自我关照和内在小孩（inner children）的概念似乎很吸引人。在心地善良的内在父母成功取代冷酷无情的内在批评家之前，我们往往会在原地兜兜转转，毫无进展。最初，不少人对我提出的自我关照理念表示反对。我也听过一些客户抱怨："自我关照让我回到了过去，重温了一遍童年，这似乎毫无意义。"

我同意。

因为，自我关照既不关乎童年，也不关乎批评、指责你的父母，而是与成为你的"部分"的父母有关。即使是那些你厌弃的部分，也要给予自我关照。这包括所谓"自我"。[11]虽然，你经常听到人们谈论有必要"抹杀"自我。可是，自我是组成心灵的一部分——你没必要将它置于死地。[12]况且，它还在你的内心世界担当不可或缺的重任呢。只有当内在父母或内在教练经验不足时，自我才会出现问题。如果教导有方的内在父母有一套行之有效的规矩，那么它们既能帮助自我适时地释放感情，又能将之约束在一定范围之内。

这在实际操作中又会如何呢？

想象一下，在可怕的一个工作周过后，你于周五晚上回到了家。门刚关上，你就开始胡吃海喝起来。大快朵顿后，你躺在沙发上，又为刚才的行为感到后悔不迭，此时，胃里的不适感也让你止不住地恶心。但你深知对自己大喊大叫毫无意义。如果羞辱自己有用的话，那它本应现在就奏效了。于是，你决定试试温柔慈悲的自我领导力（self-leadership）：

◉ **不要想**：我怎么这么没出息。天啊，简直糟透了。我真恨透自己了，为什么每次看到吃的就管不住自己的嘴呢。我这是怎么了？

◉ **尝试想**：嗨，暴饮暴食的那部分。我知道你现在很痛苦。我知道你只是想通过大吃一顿让我感觉好一些。这周我没能好好照顾你，下周，我保证我们都按时吃饭，绝不饥一顿饱一顿。我会腾出更多的时间休息。

自我领导力可以让你在心理空间中取得一席之地，同时还能与你的部分建立联系，让大脑保持足够清醒，以解决遇到的问题。你可以借助首字母缩写词“PART”来记住此方法。

◉ 暂停（pause）一下，记住你有多个部分。

◉ 打招呼认识一下（acknowledge）你的某个部分（或多个部分）。

◉ 消除（remove）这一过程中的羞耻感，因为你的某个部分正在试图帮助你。

◉ 拿回（take）“指挥棒”，制订计划。

如果这听起来太过抽象，那么我这里还有一个更为具体的实例：

◉ **不要这样想**：你糟糕透顶。

◉ **我学会了这样想**：我知道你已经尽力了，我很感激你想帮我。你还不错，我仍然爱着你。

请注意我宽慰情绪的方式。我没有找借口推脱，也没有大而化小。将善意传递给全身的各个部分是百分百可能的，条件是你得保持边界感，并愿意继续承担责任。许多人把“同情”（compassion）和“同意”（permission）混为一谈，但它们可不是一回事。虽然自我关照在疗愈过程中占据一席之地，但这绝不意味着患者不需要其他人的关怀、专业人士的帮助或者药物的介入。很多时候，正是其他资源的倾囊相助，我们的内在父母才得以变得和蔼可亲、循循善诱。自我关照虽好，但终究也不能代替专业疗法或者药物。

许多人把“同情”和“同意”混为一谈，但它们可不是一回事。

阴影零食

你有没有试过对一个蹒跚学步的孩子不理不睬呢？结

果往往不尽如人意。你越是不理他们，他们就叫得越响。除非获得一定的安抚，否则他们才不会消停呢！父母都知道一个道理，带孩子出行时，不带零食可万万不行。我们的阴影部分也如孩子一般，饿了会闹、累了会烦，喂零食会起到一定的慰藉作用。如何照料嗷嗷待哺、疲惫不堪的阴影部分以使其得到宽慰，不发脾气呢？“阴影零食”(shadow snacks) 为我们提供了一个绝佳的思路。

何谓阴影零食？就是那些你有意或无意地允许自己稍微去放纵一下的“胡作非为”。虽然在游戏疗法 (play therapy) 中，我不允许我的小客户们乱扔玩具，但我允许他们畅所欲言，就算是带脏词也无妨。你给自己的阴影部分“喂”一口“零食”，它们就会感觉自己获得了莫大的关注，喜不自禁。要知道，一旦阴影部分感到自己受到重视，它们就会瞬间安稳下来，不会到处惹是生非。许多人害怕正视阴影，担心哪怕看上一眼，自己便会被其抓住不放，难以解脱，更不用说去喂它们了。可事实恰恰相反。我们越忽视自己厌弃的部分，它们便越会奋起反抗，大喊大叫、喋喋不休。在不越界的情况下，向阴影部分靠近一点，它们反而会收起自己伤人的棱角。正如《头脑特工队》中怕怕的建议一样：“我们应该把房间的门锁上，大声吼出我们知道的那句骂人的脏话。这样做很有效！”

该给阴影喂什么零食呢？以下这些可供参考：[13]

◉看恐怖片或战争片；

◉玩食物（捏碎最佳）；

◉写下你真正想对某人说的话，或者做的事（然后把纸烧掉）；

◉让自己大汗淋漓一整天；

◉允许自己不必冲澡；

◉任意涂鸦或上色；

◉玩可以发泄情绪的电子游戏；

◉与手机隔绝一天；

◉聚餐时带上素食拼盘，不用亲自准备，去买一份就好；

◉不必洗盘子，搁水槽里就行。

对大多数人而言，这份清单并不陌生，有些人甚至都做过。但为什么没有效果呢？因为伴随这些行为而来的往往是你深深的自我厌弃（self-loathing），那可不是阴影零食。因为阴影零食指的是有知觉、有意识，甚至是有喜悦的放纵。就像真正的零食一样，阴影零食也有好坏之分，有些营养丰富，有些则营养贫乏。虽然也有营养贫乏的阴影零食“尝起来”不错，但也尽量少吃，因为它终究会带来不良后果。老板让你抓狂，你却把怒气撒在伴侣身上，就是一种缺乏营养的阴影零食。而营养丰富的阴影零食会在滋养阴影部分的同时，将不良后果降至最低。

最健康的阴影零食是什么?

我们的思想住在大脑里，而大脑住在身体里。因此，最有营养的阴影零食就是身体运动。此类身体运动不仅仅包含我们常说的锻炼身体。把运动作为阴影零食的目的不是燃烧卡路里或练就6块腹肌，而是关乎正念（mindfulness）和具身化（embodiment）。[14]让运动产生医学价值，你不必非要成为专业舞者。只要让身体动起来，呼吸和节奏就会随之改变，并向大脑发出安然无恙的积极信号。

《舞林争霸》（*So You Think You Can Dance*）第6季上映时，我正深陷在药物滥用的泥潭中无法自拔。彼时，我最喜欢的舞者之一是凯瑟琳·麦考米克（Kathryn McCormick），如今她拥有众多头衔：专业舞者、教育家和神经雕刻（neurosculpting）冥想导师。凯瑟琳也是躯体体验疗法的拥趸，在其网站上写道："我正在学着滋养我的所有部分。我正在学着接纳我的各种情绪，以及它们带给我的一切感觉……我正在一段发现之旅中，去揭示隐藏在那些模式、习惯和恐惧之下的整体。"

当我向她咨询运动与阴影部分有何联系时，她说："舞蹈之于我，是对身体状况的终极核查。因其能够帮助我发现那些潜意识的需求和欲望。当然，有些发现也会令我极度不适，我也不喜欢这种感觉。但我相信，通过与运动协同合作，我体内会形成一个连贯、自然的支持系统。任何形式的运动，无论是舞蹈还是其他，都能创造一个安全的空间，让内心的障碍得以被探索、表达和转化。”

当你能够通过自己独有的渠道探索、表达和转化阴影内容时，你的内在部分会迅速作出反应。当你感到彻底崩溃、出离愤怒或焦虑不安时，请记住，压力不仅存在于头脑，还存在于身体。播放音乐，让你身体的各部分随意舞动吧！这是一种高性价比且节省时间的解卡方式。每天尝试5分钟，坚持练习一个月，看看你会有什么变化。

> 压力不仅仅存在于头脑，还存在于身体。

总结

诗人兼哲学家约翰·奥多诺霍（John O'Donohue）写道：“每个内心的恶魔都承载着宝贵的祝福，可以抚平你的伤痛，解救你的心灵。然而，只有当你放下恐惧，直面你的内心，并勇于承担由此带来的损失和风险时，才能收到这份礼物。”我们的思想有时也会涉足危险恐怖之地，此时，若想自身不受伤害，他人的帮助就显得尤为重要。

但是阴暗的想法本身并无恶意，它们只是你内心感到恐惧之时发出的求救之声。如果对这种请求充耳不闻，拒绝施以自我关照，那么你内在的那个小孩几乎不可能长大成人。没有自我关照也能获得成功吗？当然。那么，没有自我关照，能够自如地享受成功带来的快乐吗？那就不好说了。

我们头脑里总会有一些飘忽不定的想法，让我们本应该爽快地做出决定时，却畏首畏尾、思前想后。“呀！那可不是我！”“我怎么可能会有这种想法呢！”但思想和行为就是不一样的。我们欢迎积极乐观，但是偶尔悲观也不要紧。毕竟，为追求尽善尽美而牺牲一切，这个代价过于昂贵。想成为一个好好先生（小姐）别无他法，唯有把自己的肉身与思想剥离，要么欺骗自己，要么欺骗他人。任何一味鼓吹积极而非顺应本心的疗法，都不免沦为虚假的温床，因为真正的生活离不开好奇心和同情心的加持。当然，这绝不是说人皆有之的人性就不重要。在《没有什么比影子更黏人》（*Nothing Sticks Like a Shadow*）的儿童读物中，兔子拼命想甩掉它的影子，但事与愿违。正当兔子失望沮丧之际，一只睿智的浣熊出现了。

兔子说：“我在努力甩掉我的影子。”

“为什么？”浣熊问道，“影子是有用的呀！有时，它们会告诉你要去哪儿；有时，它们会告诉你去过哪儿。”

你的影子是一张路线图，它能带你走上回家之路，指引你找到你在这个世界上最需要的那个人——就是你自己。

重点精华

1.“阴影”指你想隐藏或压抑自己的方方面面。

2.“在阴影上下功夫”是对自己坦诚以待的过程。

3. 你需要接受自己的阴影部分，而这有赖于光明和黑暗的协作。

4. 你越想躲开阴影，它就越会获得力量，再从侧面冒出来。

5. 阴影商（SQ）是一个衡量阴影觉知的指标。

6. 每一个阴影都满载着宝贵的礼物。

7. 我们都有多重人格。

8. 当你的内在领袖与你同舟共济时，你就会变得所向披靡，将那些最具破坏性、最自欺欺人的行为置于麾下。

9. 使用第三人称进行自言自语（用自己的名字，或者代词）比用“我”更有效。

10. 同情和同意不是一回事。

行为准则

做	别做
记住，在你有所行动之前，你的阴影是中立的。	为你的任何想法感到羞愧。 只有付诸行动，想法才有好坏之分。
经常提醒自己，每个复杂的系统都是由多个部分组成的。你的人格也不例外。	你的想法和情绪有时相左，于是你视自己为伪君子。 不同部分信奉的东西也各不相同。
问问自己，当你被触动时，你系统的哪一部分需要得到照顾。	试着像成人般照顾你体内的内在小孩部分。
自言自语时，使用你的名字或第三人称代词。	自言自语时，使用“我”来进行陈述。

5分钟挑战

1. 列出你内心的“演员阵容”。写下尽可能多的角色，并创建一个演员表，把每位演员的年龄、喜好、厌恶都描述一番。

2. 播放一段3~5分钟的音乐，然后让你的身体各部位随意舞动。（要是你觉得这样做有点傻乎乎的话，不妨拉下百叶窗帘，把灯关上。）

3. 以你内在领袖或自我的名义给自己写一封信。然后再以你的名义写一封回信。写回信时，使用你的非惯用手。

4. 列一份阴影零食清单。当你的内心阴影部分饿了时，便能及时满足它的需求。

1 所谓中道，是指不偏不倚的一种中正之道，也称为“中路”。——译者注

2 这句话出自连姆·尼森（Liam Neeson）在《蝙蝠侠：侠影之谜》中饰演的角色杜卡。剧透警告：事实证明，杜卡有一个不容忽视的阴影——他原来是邪恶的恶魔首领拉尔斯·艾尔·古尔（Ra's al Ghul）。

3 顺带提一下，电影结尾，安迪在新岗位上愉快地忙碌着，她身着一套时髦的套装，与之前的糟糕衣品形成了鲜明对比，这就是阴影整合的完美演示。虽然安迪知道自己渴望时尚，但她却不再受其驱使。

4 “最高极限”这一概念来自盖伊·亨德里克斯（Gay Hendricks）的作品《大飞跃》（*The Big Leap*）。

5 多重人格障碍（MPD）不再是一种诊断结果，它现在被称为分离性身份识别障碍（DID）。虽然分离性身份识别障碍遭到了严重的污名化和误解，但对严重创伤而言，它完全合理。

6 这既不是说拖延是好事，也不是说你应该避开挑战。部分理论通过让你理解拖延之功能，以改变拖延之问题。

7 除了内部家庭系统疗法，还有很多使用多心智理论的治疗模型，包括声音对话疗法、图式心理疗法、精神综合法、催眠治疗、格式塔疗法、结构解离和自我状态疗法。

8 从严格意义上来讲，“自我伤害”应该叫“部分伤害”，因为自己不会害自己。身体的

每个部分从来没有恶意，“部分伤害”是身体出于自我保护而做出的次优努力。

9 “自我毁灭”应被叫作“部分毁灭”，因为自我不会造成毁灭。造成破坏的部分不想伤害我们，而是想保护我们。

10 任何事物都有阴暗的一面，使用第三人称也不例外。对一些人而言，使用第三人称可以帮助他们逃避责任。

11 自我有很多解释。美国心理学协会的在线心理学词典这样解释：“在精神分析理论中，自我用来处理外部世界及其实际需求的人格组成部分。”

12 杀死自我的想法在神秘莫测的超意识领域占有一席之地。精神上的自我死亡是讲得通的，但如果我们谈论的是摆脱“卡住”的困境，并整合各个部分，想要杀死自我则行不通。

13 阴影零食不同于情绪宣泄。宣泄会释放大量能量，往往适得其反，而阴影零食则不然，其分量迷你，易于消化，且完全可控。

14 一篇文章如此定义“具身化”：“我们都有肌体，都在运动，哪怕只是呼吸这样的运动。正是通过动作和身体，那些标志我们作为独立个体的特征，包括情绪、性格、历史、家庭和文化等，得以显现。”芭芭拉·诺德斯特罗姆-勒布（Barbara Nordstrom-Loeb），《具身化——如何实现，何以重要》（*Embodiment—How to Get It and Why It is Important*），厄尔·E.巴肯精神治疗中心（Earl E. Bakken Center for Spirituality and Healing），2018年12月。

第五章

何以为人

三节速成课带你快速入门亲密关系

“创造一段关系需要两个人，而改变它，一人足矣。”

——埃丝特·佩瑞尔（Esther Perel）《亲密陷阱：爱、欲望与平衡艺术》（*Mating in Captivity:Unlocking Erotic Zntelligence*）

我曾有过一段不堪回首的求爱经历，因为无法承受感情上的煎熬和折磨，最终崩溃放弃。这段关系在刚开始的时候，就跟童话故事般唯美浪漫。后来，它却演变成了一场噩梦，梦里尽是枕边人的欺骗、谎言和暴力。幸好，我是戒瘾康复中心（俗称“戒毒所”）的治疗师，当我垂头丧气、悲痛欲绝、歇斯底里的时候，身边的同事们雪中送炭，给予我良好的慰藉。虽然我是一名心理治疗师，也成功帮助过很多人重回正轨，可当自己亲身经历爱情的磨难时，我发现，过往的一切都帮不上什么忙。爱情世界的种种问题就如同从一个绝佳的均衡器中被发射出来，没人能逃得掉。可能你的经历不像我那般糟糕透顶，但也总会有伤心难过的时候。玛雅·安吉洛（Maya Angelou）曾说过：“爱情就像病毒，会随时传染给任何人。”我想再加一点，爱情中的磕磕绊绊也像病毒，没有人能够幸免。

难道就没有好消息吗？当然有。好消息是，你不用经年累月地治疗，也不必获得一个创伤医学的高级学位，就能扭转爱情中的不利局面。要想另一半对你亲密无间，并且死心塌地，你首先要做的是找到一个和你情投意合的人，同时对他/她知根知底。如果铺天盖地的建议让你难以招架，别怕，有这种感觉的人可不止你一个。书籍、文章、播客、博客和杂志千千万，讲述的都是些不知所云的爱情“法则”：

让他欲罢不能的八个小妙招！

你没有义务满足他。尝试做做这五件事。

为什么距离产生美？

为什么距离太远产生不了美？

按时为爱鼓掌，让婚姻重焕活力——做起来吧！

按时为爱鼓掌，让婚姻变得无趣——不要这样做！

太尴尬了。难道就没有人好奇为什么这么多男女关系在一开始的时候便举步维艰，甚至直接就被判了死刑吗？为亲密关系问题支招的读物数不胜数，但真正有用的并不多。其实，你只需要掌握基本要义，就足以解决问题。在这一章，我会把这些基本要义编辑成三节速成课。每节课的内容都源于学术期刊、科学研究、名家著作以及我个人的临床经验和优秀的心理治疗实证案例。如果你时间有限，可以直接跳到“速成课3：道歉和补偿”部分。

何以为人——三节速成课带你快速入门亲密关系

“速成课1：言语冲突”将教你认识为什么你们的谈话总会偏离主题，同时，告诉你一个简单的应变之法。

“速成课2：界线”会让你了解界线和要求的区别。为什么这个区别很重要？那是因为设定界线和提出要求之间的区别，就像简单的2分钟谈话和马拉松式的激烈争吵之间的区别一样，是巨大的。最后，“速成课3：道歉和补偿”会讲授修复关系的详细剧本。剧透警告：关系的修复不包括说“对不起”。

听起来工作量很大？开始的时候的确如此。如果你心存怀疑或者身心俱疲，很有可能便会唉声叹气地拒绝：“好吧，何苦呢？”要知道，逃避工作只会让工作越来越多。哈维尔·亨德里克斯（Harville Hendrix）是世界著名的亲密关系治疗师，也是《放手去爱》（*Getting the Love You Want*）一书的作者，他说：“对变化的恐惧让我们沦为囚徒。夫妻双方宁愿离婚、家庭破裂、分割所有财产……，也不愿接受新的相处之道。”

如果伴侣不配合呢？

让心不甘、情不愿的另一半配合你几乎是不可能的，即便你用尽招数，去哀求、恳求、实施冷暴力、尖叫、疏远、讨价还价，甚至威胁，最终的结果注定不会理想。纵观历史，还没有谁因为嗓门大而成功说服了另一半，并让伴侣理解他/她的良苦用心。你可能会问：要是伴侣油盐不进，既不看书，也不练习，更不去治疗，反正啥都不干，那该怎么办？

我就知道会这样。

与其试图改变伴侣正在做的事情，倒不如把重心放在自己应当如何应对上。如果伴侣不愿意换个思维方式去解决问题，你唯一能做的就是努力消除你们之间的不和谐，而不是想着分手或者离婚。但这完全是另一个话题。如果你的爱人也厌倦了这种举步维艰的感觉，并且愿意做出一些改变，赶快邀请他们加入速成课1吧。

速成课1：言语冲突

有句话“痛苦无法避免，但苦难可以选择”，正好可以形容陷入爱怨纠缠的男男女女们。换成大白话就是说，矛盾分歧虽然难免，但也不一定非要吵架。言语冲突是指在正常交谈难以维持的情况下，说话者为保护自己而采用的一种交流模式。正如我们在第三章中学到的，大脑一旦进入存活模式，就会关上理性思考的大门。当感知到危险时，大脑便化身拳击手，一通乱拳出击，连手套都能给你打飞。为了让大脑保持理性，我们需要负责安全的保安们严防死守，竭力避免杏仁核被负面情绪绑票。[1]在《爱情连线》（*Wired for Love*）中，斯坦·塔特金（Stan Tatkin）博士写道："你要设身处地地为伴侣考虑，满足他们真正想要的安全感，而不是你以为他们想要的安全感。你的那些自以为是的想法和伴侣对你的期待，很可能风马牛不相及。你要明白，伴侣真正需要什么，怎么做才能让他/她感到安全。"

言语冲突的原因有哪些？比如，有人喜欢晚上聊，有人喜欢早上聊，甚至把它当作起床以后要干的第一件事。吵架时，有人喜欢挨着对方坐，有人则希望两人离得越远越好。大公司的做法其实很值得我们学习。你从来不会看见哪个人力资源总监风风火火地冲进星巴克，对正在排队的员工发飙："你总是第一个跑出来买咖啡的。你从来不会为别人着想。你为什么参加高层会议时总是迟到？我受够你了。我要炒你鱿鱼。但请你不要离开公司，我们真的很爱你。虽然这些听起来很荒谬，算了吧，别往心里去。"

这听起来是不是很奇怪？更别提你们还有个离婚官司要打。然而，有多少次，我们在伴侣进门的那一刻就发起了攻势？有多少次，我们扯着嗓门喊出了那些做梦都想收回的话？想想你发起的争吵从一件事升级到所有事的速度有多快？

在《爱的五种语言》(*The Five Love Languages*)中，盖瑞·查普曼(Gary Chapman)博士写道："最近的研究表明，人们愿意倾听的平均时间仅为17秒。时间一到，大家就开始插话了。"这意味着，如果你没能在17秒内亮明观点，对不起，你的发言就此结束。就像下棋时被将军，游戏结束。[2]

查普曼博士关于爱情语言的著作，教导人们去了解伴侣能够接受什么样的爱情语言。他确定了五种不同的类型：鼓励性言辞(words of affirmation)、服务行为(acts of service)、有效陪伴时间(quality time)、身体接触(physical touch)、礼物(gifts)。熟悉伴侣的爱情语言有助于你更好地表达爱意和接受爱意。

如果你跟大多数人一样，生气时，感觉自己就像支随时会爆表的温度计，哪会有心思去想什么爱情语言。查普曼博士在《希望婚前了解的事情》(*Things I Wish I'd Known Before We Got Married*)中写道：人们结婚可不是奔着离婚去的，但对婚姻准备不足就可能导致离婚。在一段亲密无间的关系当中，如果我们不得要领，无法像默契的队友那般合作向前，婚姻同样也会以失败告终。虽然每个人都期待温柔甜蜜的爱情，但往往每个人最先遇到的却是言语上的不合和冲突。我总结了以下六种缓解言语冲突的方法。

缓解言语冲突的六种方法

保持社交距离	这一次的“世纪大战”似乎是结束了。但少于六英尺（约1.8米）的社交距离仍然会让人感到危险，至少从情感上讲是这样的。所以，在冲突爆发时，你要留出足够的回旋空间，并尽量靠近门口，这有助于防止大脑感到威胁。
限制吵架时间	国际象棋里有个规则叫封棋（adjournment），时间到了，即停下来，到第二天继续比赛。吵架时，就休息休息吧。定个闹钟，时间到了，就暂停几个小时（或者干脆第二天再说）。如此一来，冗长的对话便能继续下去。
文字沟通 vs 当面沟通	有些人，特别是遭受过虐待的人，吵架时，如果老待在同一个房间，特别容易发生应激反应。尽管我们不推荐采用发信息的方式吵架，但通过Zoom（网络会议平台）、FaceTime（视频聊天）或电话交流沟通是完全没问题的。
预留紧急出口	提前设定“安全词”。当一方说出“安全词”时，就不可以继续争吵。想让针锋相对的交谈双方握手言和，不妨试试这个方法。
充分发挥美食的作用	一边吃东西，一边大喊大叫，这几乎是不可能的。这是因为当我们“战斗—逃跑—僵住”（fight-or-flight-or-freeze）反应的警报响起时，消化功能就下线了。在吃饭的时候讨论分歧比较大的问题时，会充分利用生存脑的生理机制来遏制冲突升级。
精心选取吵架的地方	提前选好吵架的地方会提升安全感，进而降低吵架的激烈程度。在车里吵架，会越吵越糟，因为你无路可逃。以下吵架的决策可以极大地提升安全感：面对面、肩并肩、刻意地选择交谈的房间，以及落座的家具。

如果你与伴侣的言语冲突不在一个频道上怎么办？接下来，你可以利用这六种方法来制定只属于你们的“冲突合同”（conflict contract）。

冲突合同

不签合同，你就买不了房子；不签合同，你也雇不了律师；不签合同，你甚至都无法成为健身房的会员。然而，一旦婚姻关系成为既定事实，夫妻双方存在合同关系的这种想法就被束之高阁——除非你们要打离婚官司。电影、电视剧、流行文化将吵架变得司空见惯，甚至将它粉饰一新，以至于我们错误地认为，吵架根本不需要什么剧本、体育精神，抑或指导方针。

可事实上，吵架还真离不开它们。

可以把“冲突合同”看作一份文件，它清晰、明确地规定了公平吵架的各项规则。正如你不愿看到橄榄球明星汤姆·布雷迪（Tom Brady）在比赛过程中无缘无故地走下球场，叉着手，咕哝着：“我太生气了，不想比了。”体育比赛和酒吧斗殴的区别在于，前者有一块比赛场地，有一套竞技规则以及时间的限制。在拳击比赛中，即便是最凶猛暴躁的拳手，如果在赛前没有就比赛规则达成一致，他们绝不会贸然走上拳台。体育界对高强度竞赛中运动员安全的保护一直不遗余力。与此形成鲜明对比的是，当我们和心爱的人争吵时，我们对对方安全的保护甚至还比不过那些球类运动。丹妮丝和布莱恩是一对事业有成的白领夫妻，他们的案例就很好地向我们展示了缺乏策略是如何迅速导致争吵升级的。

47岁的丹妮丝精力充沛，性格开朗。她51岁的丈夫布莱恩也不差，每天都坚持跑步6英里（约9.7千米），梦想着自己能够成为一名拥有多家企业的成功人士。他们共同经营着一家颇有名气的狗狗洗浴店，是传说中的模范夫妻。他们喜欢在Facebook上晒各种各样的照片，有幸福快乐的孩子、精美绝伦的房屋装饰以及令人羡慕的家庭度假生活。然而，这些照片其实是他们刻意的“摆拍”。没过多久，幕后的糟心事就都藏不住了。从他们怒气冲冲地闯进我办公室的那刻起，我知道，“好戏”开始了。她指责他，而他扯着嗓子对她嚷嚷。她跟机关枪似的对他破口大骂，他气得满脸发青，双手死死地抓着沙发。眼看着沙发上的皮革都快要被抓破了，我赶忙从椅子上站起来，非常遗憾地告诉他们，争吵必须立刻结束，因为这不仅浪费他们的钱，也浪费我的时间。话音刚落，两位精明能干的成年人就被吓得不敢吱声，瞬间变成了腼腆害羞的小孩子。当他们的创伤反应（身体内的警报）消失后，理性重回大脑，随后的交流也就正常了。就算这次他们的问题即将解决，在这之前，布莱恩和丹妮丝的当务之急还是需要草拟一份冲突合同。

什么是冲突合同？

冲突合同是一份书面文件，它的起草和签署一定要赶早，别等着你和伴侣的关系彻底绝裂，那就晚了。和所有竞技体育一样，运动员们想在激烈的竞争中不被暗箭偷袭，首先要做的就是编一本规则手册来规定怎么进行比赛。你和你的伴侣也是一样。一旦确定了该怎么做，你们就可以安全地讨论谁对谁做过什么。在《非暴力沟通》（*Nonviolent Communication*）一书中，作者马歇尔·卢森堡（Marshall Rosenberg）说："当我们意识不到要对自己的行为、想法、感受负责时，危险就离我们不远了。"有了冲突合同的帮助，你就能保持清醒，不再说出那些让你追悔莫及的话。

当情感上的空间足以让你尽情呼吸、思考和抉择时，相信你会很快走出长期以来的感情阴霾。一旦有冲突的迹象，就赶紧翻翻合同，复习一下谈话的各项条款。如果你们不能或不愿履行合同，那就干脆解约。坚持下来，你会惊讶地发现：这种方法能有效阻止激烈冲突的发生。

学术界对这类合同的有效性看法不一。有些专家极力推荐，有些则担心它们的实用性。不过，其分歧主要集中在谈话主题上，包括性生活频率、家务分配、姻亲拜访、约会安排以及礼物标准。相比之下，冲突合同的重点只放在冲突的协商上。

研究表明，当我们愤怒时，大脑就会从理性模式切换为非理性模式。后者会让如胶似漆的伴侣变成水火不容的敌人。当理性脑关闭，进行理性讨论的尝试注定不会成功。如果事先没有一份协议，我们极有可能会重蹈覆辙。下面是丹妮丝和布莱恩的冲突合同：

该合同由丹妮丝和布莱恩（下称“夫妻”）签订。

夫妻双方就与冲突有关的条款达成以下协议：

夫妻双方同意，任何分歧都会通过Outlook会议平台邀请双方协商解决。

夫妻双方同意，在节日/生日/重大事件发生的24小时内，不进行有分歧的对话。

夫妻双方同意，谈话将以面谈和Zoom会议的形式交替进行。

夫妻双方同意，争执只能在家庭活动室里进行，丹妮丝坐灰色扶手椅，布莱恩坐软凳。双方同意，始终保持至少10英尺（约3米）的距离。

夫妻双方同意，只有当孩子们都不在家时，才允许争吵。

夫妻双方同意，任何超过30分钟的争吵都必须停下休息1个小时。如果吵了累计60分钟仍然解决不了问题，双方须休息24个小时后，方能继续。

夫妻双方同意，如果一方或双方不愿遵守合同条款，对话须立刻终止，并于24小时之内重新开始。

这听起来是不是很荒谬？肯定有人觉得冲突合同这个做法会很让人感到别扭和尴尬，尤其是在合同的起草阶段，还免不了劳神费力。然而，这绝对会是一笔稳赚不赔的买卖。在《高效能人士的七个习惯》（*The 7 Habits of Highly Effective People*）中，作者斯蒂芬·柯维（Stephen Covey）教导我们凡事要优先考虑重要性，再考虑紧急性。因此，无论情况有多么紧急，我们首先要做的是，精确列出分歧的目录，之后再深入讨论分歧的内容。

知道应当如何驾驭冲突，固然是好；知道应当如何降低冲突，当然更好；而知道应当如何预防冲突，那才算是到达了至臻之境。美国诗人罗伯特·弗罗斯特（Robert Frost）有言："篱笆筑得牢，邻居处得好。"这个想法同样适用于亲密无间的伴侣，也就是说，合同定得好，伴侣处得好。在一段健康的亲密关系中，你不仅要知道自己的底线在哪里，还要懂得尊重伴侣的底线。这就需要我们加深对界线的理解。请继续学习速成课2。

速成课2：界线

什么是界线？界线指物理上或者比喻上的边界，它把两个或者两个以上的事物分开。海岸是陆地和海洋的界线，皮肤是外部世界和内部器官以及细胞组织的界线，墙是分隔房间的界线，而你的底线则是你在和别人打交道时的界线。界线标志着你能够容忍的极限，沮丧、怨恨都是因对方越界带来的迹象。

不同学科、不同精神追求的作家们都一致认可界线的重要性：

“生活中，那些尊重我们界线的人，同样会爱我们的自由意志、我们的固执己见和我们的特立独行。那些不尊重我们界线的人，其实是在告诉我们，他们不爱我们的桀骜不驯。他们只爱我们的言听计从、我们的百依百顺。”

——亨利·克劳德（Henry Cloud）和约翰·汤森德（John Townsend），《过犹不及》（*Boundaries: When to Say Yes, How to Say No to Take Control of Your Life*）

“在你进入一个满是人的房间之前，一定要有保护自己的意识，并且找出安全合理的界线。”

——倡导精神自救的加布里埃尔·伯恩斯坦（Gabrielle Bernstein），

《全世界都在倾力帮你》（*The Universe Has Your Back: Transform Fear to Faith*）

“设定好界线需要很大的勇气……但我们的初衷是让沟通变得更加清楚明白。”

——佩玛·丘卓（Pema Chödrön），作家

“当我们无法设定界线，无法对别人负责时，我们就会感觉自己受到了利用和虐待。”

——布琳·布朗，研究型教授，

《纽约时报》畅销书作者

“在安全合理的界线内，一切隐患都是可控的。”

——皮亚·梅洛蒂（Pia Mellody），美国亚利桑那州威肯堡

梅多斯治疗中心的临床研究员，康复专家

“‘不’是一个完整的句子。”

——安妮·拉莫特（Anne Lamott），散文家、作家

有了界线，伴侣们便能控制他们对彼此的期望。为什么这很重要？期望与现实之间的差距是怨恨的发源地。界线的种类很多（性行为界线、家庭经济界线、身体界线、心理界线、对话界线，等等），但在这节速成课上，我们主要聚焦行为界线，因为这是帮助你们走出关系卡定的第一要义。

行为界线

对界线的最大误解是，你设定界线是为了让别人遵守。这显然不对。界线不是要求别人做什么事。人们往往认为他们在设定界线，事实上，他们却是在提出要求。当你说“他们总是越过我的界线”，你的真实意图很可能是“他们没有按照我的意思来做”。本章的前面提到过，界线和要求之间的区别，如同简短的谈话和马拉松式的谈话之间的区别一样，二者相差巨大。“要求”是你提出让别人做某事。“答应”或“不答应”的权利掌握在被要求的人手里，这中间的余地大到可以讨论，甚至争吵。而界线则指你应对别人的行为时作出的选择，这不需要讨论。界线从来不需要他人的意见，也不需要他人的服从。

例如，你可以试着和妻子设定一条界线：你想在飞机起飞前2个小时抵达机场。你的妻子则喜欢拖到最后1秒，但你特别讨厌那种急匆匆的感觉。于是，你提出让她早些出发，这就是要求。而符合界线的做法是，告诉她：“如果你不准时出发去机场，我就打个出租车先走，在那儿等你。”界线只在于你和你的选择，它从不依赖于别人是否服从你的要求。让别人知道，如果他们选择X，你就会选择Y——这就是界线。

要求	行为界线
“如果你要迟到了，我真希望你能提前打个电话通知我。”	“如果你选择不让我知道你具体的回家时间，我会选择不准备额外的食物。”
“我真的不喜欢你大晚上喝3瓶葡萄酒。请不要再这样了。”	“如果你选择大晚上酗酒，我会选择睡在另一个卧室”。
“你总是在最后一秒才敲定计划，这让我很懊恼。我真的希望你能早些告诉我。”	“我至少得提前3天拿到计划。如果你选择不给我留时间考虑，我会选择拒绝。”
“你的朋友凯文就是个混蛋。我不想和他同处一室。”	“我尊重凯文是你的朋友。但如果你选择邀请他去参加聚会，我会选择不去。”

“稍等”，你可能会抗议，“这些听起来很像在下最后通牒！”

没人喜欢最后通牒。界线和最后通牒最大的区别在于“意图”。

界线只在于你和你的选择。

最后通牒与权力、控制和关系的主宰有关；而界线则关乎安全、空间和关系的保护。最后通牒听起来像这样：“如果你每周不和我亲热5次，我就会心生怨恨甚至对你不忠。”有个区分二者的好办法：简单地问问自己，你的意图是要表明自己的选择、提醒自己该怎么做，还是想强迫伴侣作出改变。

如果有人威胁恐吓你，挡着你的去路，或者以任何方式阻挠你设定和践行自己的界线，那么这就不仅仅是过线行为——而是虐待。虐待不是本章讨论的重点，我就简单地说两句。虐待既不是人际关系问题，也不是沟通问题。不管任何时候，施虐者都要对虐待行为负责。大多数针对人际交往的建议不适用于虐待情况，如果亲密关系中存在虐待行为，我们永远都不会推荐伴侣治疗（couples therapy）。

在你担心自己和伴侣之间的关系可能存在虐待行为之前，提醒自己，即使是最健康和谐的夫妻偶尔也会有小小的失格。偶尔的激烈争吵并不意味着这段关系就一定有毒。如果你和伴侣愿意承认各自的错误并且愿意尝试重新沟通（参见速成课3），就不必恐慌。趁着双方还没大发雷霆，你越早练习划定界线，就能越快地跳出火坑。在《关系治愈》（*The Relationship Cure*）一书中，人际关系研究专家约翰·戈特曼（John Gottman）写道：“沟通不是魔法。沟通和其他技能一样，是可以学习、练习和掌握的。”

你还记得第一次锻炼后全身酸疼的感觉吧？所有事情在开始的时候都是痛苦的，都不会一帆风顺。你要提醒自己，有时候，做出一个好的决定，可能不会立刻产生一个好的结果。是的，就是那种感觉，设定界线也不例外。当你第一次尝试设定界线时，你可能会觉得很糟糕，但无论如何都要坚持下去。学习设定界线就如同锻炼肌肉力量，你总不能期待自己在没有任何训练的情况下，一口气做20个引体向上吧！千万不要觉得惭愧。如果你还不习惯把界线当作一种自保策略，那你的大脑很可能会混淆“自保行为”和“自私行为”。

每个尝试设定界线的初学者一开始时可能会觉得自己是个卑鄙自私的人，好在这种错觉不会维持太久。感觉卑鄙自私与表现卑鄙自私可不是一回事。自私的人不会关心爱护别人。你担心自己自私，这在很大程度上意味着你并不自私。设定界线的目的就是预留回旋的余地，其意义也在于帮助你放宽心，保持冷静。只有这样，你才能重新与对方进行交谈，并尽量表现出你最佳的一面。当事情的发展偏离轨道或者被你搞砸了（正如我们时常碰到的那样），相比道歉，补偿会是更加有效的修复方法。在速成课3中，我们会讲解它们的差别及其重要性。

速成课3：道歉和补偿

道歉的意义在于：承认伤害了别人的感情，表达对错误或误解的歉意，保证不重蹈覆辙。不过，仅仅是“对不起”(sorry) 三个字传递不出任何这样的意思。《韦氏词典》(*Merriam-Webster*) 将“sorry”一词定义为“感到悲伤”。嗯……对什么感到悲伤呢？是因为犯错被发现了而感到悲伤，还是因为必须要进行一个唠唠叨叨、冗长枯燥的情感对话而感到悲伤？“对不起”顶多算一句干巴巴的空话。而且，一旦把“对不起”和“如果”(if) 放在一起，那就迅速变味了。它们的搭配简直就是“不做人”的终极练习。

“如果让你受到伤害，对不起。”
“如果让你产生误会，对不起。”
“如果你不喜欢我的所作所为，对不起。”
“如果你很生气，对不起。”
“如果……对不起。”

以上有没有哪条曾经成功地让伴侣接受了你的道歉呢？

反正没有一条让我成功过。

比起道歉，补偿才是让一段关系摆脱卡定的最快途径。补偿的概念源于“十二步戒瘾恢复模型”(Twelve-Step addiction recovery model)。虽然我对该模型的有些做法持有异议，但我完全赞同“补偿”这个概念，它正好跟“道歉”对立。无论你是否把自己当成瘾君子，作出补偿都是恰当的。海瑟顿·贝蒂·福特基金会（Hazelden Betty Ford Foundation）是最早的戒瘾康复组织之一。该基金会宣称："要把补偿视为展现你新生活的行动……而道歉基本上是句空话。进行补偿就意味着你正在通过承认错误和践行自己的原则来做到言行一致。"道歉起不到补偿的效果，"对不起"三个字太过空洞和虚伪。可是，我们从小就被教育，如果伤害了别人，就要说声"对不起"。

如果你不小心踩了别人的脚，或者忘了给咖啡机加水，简单说声"对不起"的确可以。道歉是一个常见的礼节，对于无关痛痒的小错来说，再合适不过。然而，面对亲密关系中那些深可见骨的严重伤口，道歉就显得没那么有效了。这时，我们需要一个比道歉更加强力的方法——补偿。补偿对于伤口的治疗非常有效。我把自己使用的方法叫作"4个O"。你大概注意到我刻意回避了"对不起"这几个字。这个方法不仅可以帮你免去数小时的心理治疗时间，还能为你省下一大笔钱。照着这个方法，漫长而又循环往复的对话会大大地减少。

我们如何在实践中使用"4个O"呢？埃萨是一名会计师，她手上有个重要项目马上就要截止了。在本周早些时候，埃萨的丈夫戴维承诺过，周六早上会照看孩子们，这样埃萨就能加班完成项目。可是到了周六早上，戴维去

如何补偿：4个O

1	坦承（OWN）自己的行为。 （“我承认我做了/没做……”）
2	观察（OBSERVE）自己的行为对伴侣的影响。 （“我想你一定觉得……”）
3	概述（OUTLINE）你不会重蹈覆辙的计划。 （“将来我会通过……以防……”）
4	主动（OFFER）倾听伴侣对你行为的其他意见。 （“关于这件事对你造成的影响，还有什么其他要说的吗？我愿闻其详。”）

了开市客超市（Costco），然后忘了时间。于是，埃萨的一天忙得脚不沾地。她不仅要给两个年幼的孩子喂饭、洗澡、陪他们玩耍，还要应付调皮好动的拉布拉多犬。对戴维来说，简单说句“对不起，我迟到了”算是最基本的道歉。但如果他说“好吧，我也有事要做，如果你错过了最后期限，我很抱歉，但事情就是这样”，毫无疑问，这是个有毒的道歉。

简单的道歉和有毒的道歉都没有表达出同情心。如果一段关系维持的时间足够长久，最终，你极有可能既是付出的一方，也是获得的一方。在我明白这些道理之前，我的道歉多是为了避免负罪感而作出的下意识行为，并不是为了真正试图修复关系。你能理解吗？

如果戴维想要用补偿来代替道歉，他应该这样做：

1. 我完全忘记了时间，也没有履行照看小孩的诺言。（坦承）

2. 我想你一定非常愤怒、困惑，感觉被出卖，害怕自己会错过截止日期。（观察）

3. 以后，答应你要做的事，我决不食言。（概述）

4. 关于这件事对你造成的影响，还有什么其他要说的吗？我愿闻其详。（主动）

请使用这个方法完成几项任务：

◉向你的伴侣证实他们没有在无理取闹——他们不高兴的原因确实在你。

◉使用富有同情心的语言可以让伴侣感到自己被理解，这为深度治疗和修复架起了一座桥梁，同时还降低了大脑边缘系统（情绪控制系统）的活跃性，为理性的沟通创造了条件。

◉你有义务制订一个避免重蹈覆辙的计划，这样以后就能避免类似事件的发生。

◉你的伴侣现在可以感受到安全了，因为他/她知道，你已经制订了一个计划来防止同类事件的发生。

◉主动倾听有助于防止怨恨的累积，并为亲密关系和关系修复创造空间。

如果冲突是由误解引起的呢？“4个O”原则也完美适用，因为在误解引起的冲突中，你不需要自我鞭挞或者承认错误。我们回到戴维和埃萨的例子。这次，假设戴维没有答应帮助埃萨照顾孩子，也不知道埃萨的项目快要交付了。周六早上，戴维跑去好市多超市购物，直到下午才回家。埃萨错过了项目的截止时间。严格来讲，戴维没做什么错事，但是作为一个满怀爱意的伴侣，他仍然想要抚慰埃萨受伤的心灵。在这种情况下，戴维可以这样使用“4个O”：

1. 就因为我为一些琐事在外待了半天，才导致你错过了截止时间。（**坦承：**注意戴维提供的是客观信息。他说出了自己的行为给埃萨带来的影响。他没有道歉，也没有为此感到罪孽深重。）

2. 你错过了截止时间，我想你一定感到沮丧和害怕。（**观察：**不管我们的意图如何，这一步能让我们看到我们的行为对伴侣的影响。有了这些满富同情心的话语，我们也就不必为自己的行为多做辩解。）

3. 以后，如果周六早上要出门，我一定提前跟你确认。（**概述：**此步表明，更好的沟通可以防止这种情况再次发生。）

4. 关于这件事对你造成的影响，还有什么其他要说的吗？我愿闻其详。（**主动：**大多数人都会对善解人意的人心怀感激。）

戴维不是在为错误道歉。他没有揽下过错，因为他本来就没做错什么。戴维正在做的是通过坦承、观察、概述和主动来为埃萨提供安慰。

开始时，补偿会让人觉得尴尬。有不少客户向我抱怨："太奇怪了，没人这么说话啊。"的确，没人正儿八经学过要这样说话，它显然不是一种正常的交谈方式。可是，我们所谓的正常方式又能有多少效果呢？现在，社会对专业心理健康治疗师的需求高速增长，从这点看，我们似乎需要重新定义一个"正常方式"来解决感情卡定的问题。我曾在亚利桑那州的一家戒毒所工作，那里的客户需要花上几个小时练习设定界线和演练补偿中的不同角色。其中，亚历克斯是我最喜欢的一个客户。那时他才20岁出头，是个瘾君子，没有耐心，脾气暴躁。在开始治疗的头几周，他就在小组活动时咆哮："布里特，这是我听过的最蠢的说话方式。"到治疗结束时，他已经成功戒瘾9个月，回到了学校，还在他钟爱的建筑行业里找了份兼职。在他离开亚利桑那州的几个月后，我收到了他的短信，每次回想起短信的内容都让我忍俊不禁：

我们似乎需要重新定义一个"正常方式"来解决感情卡定的问题。

嘿，我是亚历克斯。我成功戒瘾了，现在感觉特别棒。你还记得那个我们不得不做的愚蠢练习吗？对，就是关于补偿的那个，它真的很管用，效果一级棒，虽然我还是很嫌弃它。

重点精华

1. 虽然你无法改变伴侣，但你可以改变自己的应对方式。

2. 掌握了言语冲突的前因后果，你就更有可能在争吵中保持冷静。

3. 矛盾分歧虽然在所难免，但也不一定非得吵架不可。

4. 冲突合同相当于给吵架上了份安全保险。

5. 如果你和伴侣都不愿遵守冲突合同，那干脆解约好了。

6. “要求”是你提出让别人去做某事，做与不做的权利在别人手里。

7. “界线”是你选择做什么来回应别人。做与不做的权利在自己手里。

8. 界线从不依赖于别人是否服从你的要求。

9. 做出补偿比说声“对不起”更有效。

10. 补偿的“4个O”方法：“坦承”你的所作所为；“观察”对伴侣的影响；“概述”避免重蹈覆辙的计划；“主动”倾听伴侣对你行为的其他意见。

行为准则

做	别做
在开始吵架之前，确保你精神抖擞、吃饱喝足。	在你失眠困顿、饥肠辘辘，或者口干舌燥的时候开始吵架。
想想那些能让你感到安全的吵架方式，面对面？吃饭的时候交谈？或者通过Zoom交谈？	吵架非要吵出个结果才能罢手。
碰到小事说“对不起”。	碰到大事说“对不起”。应采用“4个O”作出补偿。
问问你的伴侣，他们是否愿意试试冲突合同、补偿和设定界线。	给本章加个书签，然后放在伴侣的床头柜上，希望他们能得到启示。

5分钟挑战

把“4个O”抄到笔记本上，然后利用生活中的小事在你们的伴侣身上实践一下。比如：

1. 坦陈自己的行为。（“我承认我做了/没做……”）

我承认我把盘子扔在水槽里没洗。

2. 观察你的行为对伴侣的影响。（“我想你一定觉得……”）

我想你一定觉得很沮丧。

3. 概述你的计划：如何不再重蹈覆辙。（“将来我会通过……以防……”）

以后，我会把闹钟调早15分钟，这样我就有时间打扫厨房了。

4. 主动询问并倾听他们是否想要补充一些你没有想到的内容。（“关于这件事对你造成的影响，还有什么其他要说的吗？我愿闻其详。”）

关于这个情况，你还有什么想让我知道的吗？

1 “我们的一对杏仁核各自居于大脑的两个半球，位于眼睛和视神经的后方。巴塞尔·范德考克博士在他的《身体从未忘记》一书中将杏仁核称为大脑的‘烟雾探测器’。杏仁核负责监测恐惧，并为我们的身体做好应急响应的准备。”戴安·穆绍·汉密尔顿（Diane Musho Hamilton），《在冲突中平息你的大脑》（*Calming Your Brain During Conflict*），2015年。

2 将棋术语，一方的王受到对方棋子攻击时，称为王被照将，攻击方称为“将军”。此时被攻击方的下一步走子必须立即“应将”，如果无论怎样走子都无法避开被照将的情况，王即被将死。在此比喻必败的局面。——译者注

第六章

友情与约会的亲密世界

星期三的时候，我们穿粉红色。

——凯伦·史密斯（Karen Smith）《贱女孩》（*Mean Girls*）

地狱都没有一群五年级小学生那么狂暴。如果是一群土生土长的长岛女孩的话，堪称杀手。

每天，塔肯小学的巴士站点都会上演羞辱的“好戏”。为了不沦为这出戏的主角，我每天早上都暗暗祈祷公交车能够快点到站。我会双手紧紧地抓着书，一动不动站在那儿，而那帮坏女孩则凑在一起，七嘴八舌地聊着八卦。这样的场景，数年不变。偶尔，她们中的某个女孩也会上下打量我，或冷冷地瞪我一眼，或冲我恶狠狠地笑几声。碰到下雨天，情况更是糟糕透顶。那个家住公交站点附近的帮派头目阿丽西娅（也是我高中时的死对头），会在公交车抵达前，邀女孩们到她家躲风避雨，幸灾乐祸地观赏站在街角停车标志旁的我是如何被淋成落汤鸡的。这也成为了我之后的厄运的开端。那天，她们偷走了我的贴纸簿。如果你是“90后”，那你可能对那些被我们视若珍宝的童年物件知之甚少。在《我的世界》（*Minecraft*）、《罗布乐思》（*Roblox*）、迪士尼流媒体平台（Disney Plus）大行其道之前，“贴纸簿”是我们的最爱—— 一本空相册，我们将喜欢的贴纸收藏其中。对于童年的我而言，贴纸簿象征着所有的荣耀和快乐，我最喜欢收集丽莎·弗兰克（Lisa Frank）设计的独角兽贴纸。那些五颜六色的贴纸，有些是凸起的，有些是油亮的，还有一些是带香味的。为了将我的贴纸簿打造得十分漂亮，我会时不时地光顾贴纸商店，看看有没有新贴纸，然后精挑细选一番。爱心小熊（Care Bears）、彩虹仙子（Rainbow Brite）、草莓女孩（Strawberry Shortcake）……不胜枚举。贴纸薄就像我的心肝宝贝一样珍贵。然而，就在一个风雪交加的日子里，在那个公交车站，我的贴纸簿竟生生被阿丽西娅一把夺走，随即扔进了车站旁的一个大泥坑里。看着我的贴纸簿沉了下去，她放声大笑。

我为什么要给大家讲这个故事？

就我个人经历而言，从孩提时期，女孩们就被灌输“同性相斥”的道理。对于和自己差不多的同性，她们以恨处之，因恐惧之，以厌避之，因嫉伤之，将自己与之反复比较，最后不惜毁之。即便日渐丰富的人生阅历也不会真正改变这种驱动力。学校食堂的争斗剧会演变成“拼车妈妈剧”；舞会皇后的角逐会演变成一场争夺家长和教师联谊会主席的游戏。成年人之间的友谊就像一幕短暂的焰火，难以捉摸，所以千万别费心去揣测。相信我，我深谙其道。直到30多岁，我才参透人际关系的治疗魔力（medicinal magic）。

友情不是一件奢侈品，而是生活的必需品，其对健康的重要性堪比清洁的淡水和纯净的空气。2020年的那场疫情，让人们无比真切地了解了孤独和隔离带来的后果。知名作家C.S.路易斯（C. S. Lewis）在《四种爱》（*The Four Loves*）中写道:“友情是不必要的，就像哲学，像艺术……它没有存续价值；但却赋予存续以价值。”该表达虽诗意盎然但谬以千里。科学表明，友情确实具有存续价值。布琳·布朗在《脆弱的力量》中写道:“在生理、认知、身体和精神上，我们都需要爱、被爱和归属感。如果这些需求得不到满足，我们就无法正常生活……许多痛苦都是爱和归属感缺失的结果。”尽管科学一再证实，友情对健康生活至关重要，但该观点很难获得认同，因为大多数人倾向于将友情视为虚无缥缈之物。如若在一间充斥着女性高层管理人员的房间里，推销友情是生理需求这一观点，结果肯定是一败涂地。我作过不少主题演讲，要问哪类人最难被引起共鸣，非这群人莫属。

在我所在的这幢带有发光造型楼顶设计的高层公寓里，不乏一些才华横溢、外表靓丽的女性。她们交际广泛，彼此之间交往甚密，拥有超强的社交能力。可是，在谈笑风生的人群中，你不会看到我的身影。因为那时，我正蜷缩在浴室里，努力让自己不吐出来。我双手颤抖，一边疯狂地给我的治疗师发着求救短信，一边擦拭着掌心上不断渗出的汗水。尽管已经过去十几年了，但“女人不好对付”的观念又从童年记忆中跑了出来，在脑海中肆虐。我使出浑身解数，努力想让自己明白，这不是街角的公交站，我也不再是那个等车上学的小孩子了。注意：如果突然感到无地自容、不知所措，并伴随着与年龄不符的幼稚行为，说明你出现了情绪性退化（emotional regression）。关于这点，我们将在第九章中讨论。

有一次，我做一场题为“参与社交的艺术：友情为何可遇不可求”的演讲。我刚说完题目，50双满怀狐疑的眼睛齐刷刷投向我。我挺起腰杆，挤出一丝笑容，开始了我的演讲。在我援引《哈佛女性健康观察》（*Harvard Women's Health Watch*）一篇文章中列举的一些令人震惊的数据时，几个听众开始表现出好奇。我是这么说的：一项基于约30.9万人的数据分析显示，如果缺乏牢固的人际关系，导致早逝的风险诱因会增加50%——对死亡风险的影响大致相当于每天吸15根烟，这比肥胖和缺乏锻炼更严重。[1]讲到这里，房间里的气氛出现变化，大家开始窃窃私语。当提及苏珊·平克（Susan Pinker），这位有名的TED（美国的演讲平台）演讲者、获奖作家、心理学家和《华尔街日报》（*Wall Street Journal*）的社会科学专栏作家的观点时，大家似乎很惊讶，私语声更大了。平克在《村落效应》（*The Village Effect*）中写道：“不注重与亲密之人保持密切联系会有害健康，其损害不亚于每天吸一包烟或患高血压、肥胖等疾病。”

终于，房间里的寒冰开始融化。听众们放下了抱在胸前的双臂，一直冷若冰霜的脸上开始露出微笑，彼此之间的谈话开始变得深入。当我说起众人皆有的内在批判、冒名顶替综合征（impostor syndrome）[2]和挥之不去的孤独感，并对此表示同情时，听众们也频频点头赞同，有几个甚至还露出了笑容。会后，我还跟与会的米歇尔·罗宾（Michelle Robin）博士，一位受人尊敬的作家、演讲者、捍卫身心健康的战士，成了好朋友。次年春天，我们在一起散步时，米歇尔说道："人们都认为锻炼是保持健康的重要因素，但我们有必要提醒大家，其他方面也很重要。"

要想保持健康，友情必不可少。人们不应把友情置于最底层。如果你感到知音难觅，本章将重点推送3条帮你解除卡定的关键信息。如果你经常被身边的朋友搞得很沮丧，阅读本章就对了。我将为你揭示背后的原因，并为你看待社会关系提供一种新的角度。由于友情和爱情促成动力相似，这些交友原则在约会时也同样适用。

不少书籍和信息都在大谈特谈交友的重要性。许多博文和播客也为如何交友建言献策。然而，在很多情况下，交友还是没能走出一厢情愿的怪圈。原因在于大多关于友情的文献只聚焦"为什么"和"怎么做"，却在很大程度上忽略了"是什么"。成人友情的构成要素是什么？你希望友人扮演的角色是什么？潜入你的信仰体系的毒友谊是什么？这些问题的答案对于开启称心如意的社交生活至关重要，也是我推崇的“交友三原则”：

1. 分清童年友谊和成人友谊的区别。
2. 定义我们希望友人扮演的角色。
3. 揭开成人友谊的六大神话。

分清童年友谊和成人友谊的区别

在一次游戏治疗过程中，一个7岁的小客户在玩具屋里忙碌了一通后，突然停了下来。她若有所思地看了看微型沙发上的塑料小女孩玩具，态度果决地对我说：“艾米是我最好的朋友。但我跟布莱林关系更铁。不管有什么事，我都会告诉她。我们会一直好下去，直到长大，像你们一样大！”

人们普遍存在一种错误观念，就是将童年友谊和成人友谊一视同仁，并在成年后仍然遵循小时候的规则对待朋友，结果注定屡屡受挫。为什么？因为成人友谊与童年友谊大不相同。小孩子交朋友无须考虑太多，友谊更单纯，毕竟他们无须承担成人肩上的重担。当然，在贫困等重压下的孩子另当别论。孩子不像成人那样，每日里为偿还贷款、一日三餐和上下班堵车而忧心忡忡，他们还可以完全随心所欲地与其他儿童接触。根据社会科学领域的邻近原则（proximity principle)，只需要观察一下孩子与他人交往的频度和距离，就能获知他们更喜欢跟谁做朋友。儿童、青少年甚至大学生每天都能在教室、社区，或者校园遇到彼此，大大减轻了交友的障碍。下表说明了童年友谊和成人友谊的重要区别。

童年友谊vs成人友谊

童年友谊	成人友谊
不必像大人那样承担责任。	担心需要承担责任。
我们每天都会见面！	聚少离多，很难见到彼此。
我们就像兄弟姐妹，有时会吵架，但总会和好如初！	对于一段健康的成人友谊，冲突在所难免，但干仗大可不必。如果你动不动就跟朋友闹掰，是时候重新评估一下这段友谊了。
儿童友谊永存！	成人友谊十分脆弱。
我和最好的朋友无话不谈！	成人友谊最忌口无遮拦。说什么、何时说、跟谁说，都要三思。有边界感，才有情绪上的安全感。

大多数人都没有学会如何掌舵成人友谊的小船，最后小船触礁停摆也就理所当然。若能及时调整方向，摆渡到友谊的新航道，不仅可以邂逅更多的风景，还能增加抵达目标的可能。以下是我针对成人友谊的重新调整。如果感觉哪条有用，请随意取用，你也可根据自己的情况进行添加：

◉可以不必频繁地与朋友会面。

◉接受友谊也有保质期这一现实，朋友如蝴蝶般来来去去。

◉朋友有很多种，不仅仅局限于至交好友。

◉对于冲突不断的友谊，散场才是最好的结局。

◉朋友聚会可以提前离场。

◉交友太累说明没找到对的人，不如作罢，及时止损。

◉我允许自己对准妈妈派对、婚礼派对、订婚派对说“不”。

不要一味以你的标准和愿望看待友谊，只有实事求是，才有可能把自己从怨恨的深渊中解救出来。率真而勇敢地为自己界定友谊，会带来什么结果呢？可能与你想象的情况截然不同。你会发现有些人虽然一年只见一次面，却会真正让我们心生欢喜；有些人虽然平日疏于联系，一旦见面却让我们感到心满意足。我将这类朋友称为“蝎子朋友”。因为蝎子可以一顿饭就吃下占体重1/3的食物，此后即使一年都不进食也无大碍。我是一个内向的人，平时喜欢独处，所以蝎子朋友很适合我。但不适合那些天天都希望有朋友相伴的人（蜂鸟需要每天进食，对于后者，更适合交“蜂鸟朋友”）。

一旦你开始为自己量身定做友谊“规则”，“角色”问题就提上日程了。任何有关交友法则和交友动机的研究都会在一定程度上帮到我们，可是，如果你搞不清朋友能够在你生活中扮演什么特定角色的话，难免会大失所望。想想好莱坞的选角导演吧。他们首先需要研究角色，然后根据角色确定演员人选。演员罗伯·劳威（Rob Lowe）在回忆录《热爱生活》（*Love Life*）中写道："阿尔弗雷德·希区柯克（Alfred Hitchcock）说过，90%的成功电影都赢在选角上。我认为这句话也同样适用于生活。"

定义我们希望友人扮演的角色

作为一个成年人，你要清楚你最需要什么样的角色。电影、书籍和电视中常见的朋友只有三种：最好的朋友、烦人的邻居、亦敌亦友的人。你可能已经深得交友之要领，那些不属于友谊核心圈（inner circle）的人，不值得再投入时间和精力。如果你有一群亲密无间的好友，很可能不需要，或根本不想去跟其他人再结拜金兰了。如若从零开始，你会很真切地感受到"无友相伴"和"挚友相随"的天壤之别。如果友谊只是淡若清水，不需要亲密无间呢？如果有些人会让我们"高山仰止，景行行止"，却不足以推心置腹呢？

"等等，没有信任，何来友谊？难道信任不是友谊的座右铭吗？"

不完全是。听我解释。

我喜欢和一位好友徒步旅行。她人很风趣，是个“耍宝搞怪”的高手，但偏巧是个大嘴巴，说话极不靠谱。我知道她有这个毛病，她也知道我了解她这一点。但我们彼此之间都不在乎。我们虽然做不到边喝咖啡边推心置腹，但我们一起爬山，开怀大笑，玩得不亦乐乎。她的角色是徒步伙伴，我完全相信她设计的徒步路线，也坚信徒步失足时她一定会扶我一把，但我不需要非要通过在所有事情上信任她来维持友谊。

在《灵魂之友：凯尔特人的智慧》(*Anam Cara: A Book of Celtic Wisdom*)一书中，作者约翰·多诺修霍（John O'Donohue）写道：“朋友是谁？就是那个能够滋养你、唤醒你，让你释放内心无限可能的人，成就你的人。”我的徒步伙伴赋予我尝试新事物的勇气，在她的鼓励下，我能够爬得更高，走得更远。她唤醒了我内心沉睡的种子，让其发芽、长大。假如我给她安排一个不合适的角色（比如，值得信赖的知己），激烈的冲突在所难免。如果我非要指摘她撒谎骗人，她势必为了捍卫自己，跟我大干一场。由于我了解她的为人，也清楚她在我生命中可以扮演的角色，我们的友谊不需要爱的投入和深入的交流，亦不会因为彼此之间的某些缺憾而变得脆弱不堪。友谊之路不可能一片坦途，因为我们希望朋友扮演的角色往往与其真实身份背道而驰。做个洞察朋友角色的有心人吧，这会让磕磕绊绊、叫苦不迭的关系变得怡然自得、其乐融融。将“信任”定义为朋友扮演的角色的基础，对于守护友谊至关重要，但如果把这作为普世价值，“我必须信任朋友”无异于狂风巨浪，只会让友谊变得岌岌可危。

预期管理和接受朋友扮演的角色并不是为满足低层目标而自降标准。我们当然向往这样一个理想世界：所有朋友都值得信赖、安全可靠，而且个个都是感情丰富、知冷知暖的贴心伴侣。我们同样向往，在这个世界里，皮肤永远光洁嫩滑，顿顿都能吃到羽衣甘蓝，爱犬永远不会在刚洗过的床单上撒尿。醒醒吧，这样的世界并不存在。幸运的是，一旦将这些过分理想和浪漫的思想丢掉，我们选择的空间就会变得更大。“不积跬步，无以至千里”，约会亦如此。每一段10级关系都是从1级开始的。如果友谊的小船从未扬帆起航，乘风破浪的机会就微乎其微。假如你被搁浅在一个孤岛上，短时间内难以觅到情深意长的好友，试着交几个“肤浅”朋友，也能够给你这段孤独之旅带来些许慰藉。

肤浅朋友？真的吗？

跟我来。谁说只有在池塘深处才能觅到宝藏的？肤浅这词听起来不好，而且肤浅之人会让人感觉索然无味。但是别忘了，你可是在浅水区学会游泳的。肤浅的谈话就像一弯浅滩，没有大江大河那般雄伟浩瀚，但却是小鱼和很多其他生物生长的家园。友情也是如此。刚学会游泳就忙不迭地在深水区大展身手可不安全，友情和爱情的深水区尤其危险。肤浅的朋友绝对值得在你的社交蓝图上占有一席之地。通常情况下，我会借助“友谊矩阵”为我的来访客户进行交际圈设计，先找到位于顶端和底端的人，然后根据策略填补两边的空缺人选。

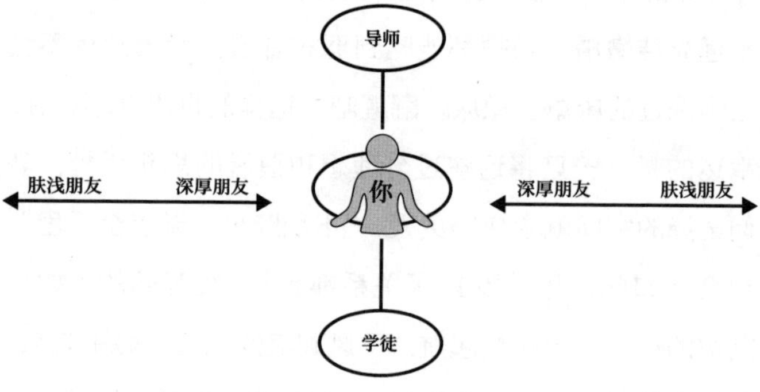

◉导师/老师（写1~2名）：找几个愿意不遗余力指导你的人，从而避免陷入折戟沉沙和交友疲劳的窘境。当然，这类人首先得具备令你钦佩的品质，达成过你梦寐以求的目标，他们的存在不是为了修复你，而是为你的个人成长开

辟空间。还有一个优点就是，你们甚至不需要非得成为朋友。心理治疗师、教练、老师，都是绝佳人选。

◉学习者/学徒（写1或2名）：找个大学生、青少年或孩子，做他/她生活的导师或者老师。如果你不确定去哪里找，可以考虑一下你是否认识有小孩子的父母。如果感觉抽不出时间，那就告诉自己，这不需要海誓山盟的承诺。和你十几岁的侄女每年共进一次晚餐也完全符合要求。

◉朋友（两侧各写2名）：为避免不良依恋的产生，你需要填入生活中来自不同领域的同龄朋友姓名。比如，你可以把那些与工作相关的朋友填在一侧，把与生活相关的朋友填在另一侧。深浅皆可。有些人可能是你渴望深度交流的，但目前只处于浅层接触阶段。既然需要在浅水区进行技巧训练，那就尽情享受戏水的乐趣吧。等你熟悉各项技能后，就可以逐步进入深水区，开始真正意义的“游泳”了。

上述方法形成的友谊矩阵利于保持平衡，特别值得我们借鉴。过分依赖顶端的导师，会让我们缺乏自信，难以施展自身才能；过分依赖底端的学徒，我们不免事事操心、心力交瘁，非但对自己毫无助力，反而可能衍生出一种过度的自我膨胀。如果只在一侧填写同龄人，说明我们容易依赖他人。即使两侧都填了同龄人，如果顶端或底端空空如也，就容易错失宝贵的成长机会。每次说到这点，别人总会这样怼我：“可是，布里特，你知道吗，找人太难了！”想知道我的回复吗？郁郁寡欢耗费的能量可一点都不亚于构建社交圈需要的能量。

甚至可以这么说，与积极构建友谊关系相比，人在心烦意乱时会耗费更多精力。要把头脑中完美的友谊理念全部扔掉，那就需要更多精力了。还记得交友三原则吗？其一，分清童年友谊和成人友谊的区别；其二，定义我们希望友人扮演的角色；其三，揭开成人友谊的六大神话。

揭开成人友谊的六大神话

1. 好朋友才会提建议

不少的客户向我透露，他们之所以四处求医问药，就是因为治疗室不会给他们提这样那样的建议。朋友之间分享一点窍门固然无可厚非，但通常状况下，“保持距离”比“出谋划策”更有帮助。保持距离意味着做一个富有同情心的倾听者，不去妄加评判，也不非要去纠偏。懂得保持距离的人总会在深思熟虑之后发出灵魂之问，而不会自以为是地在别人的领地指点江山。对于治疗师而言，保持距离是为了帮助客户去接近他们的真相，而不是试图向他们兜售我们的想法。朋友之间亦是如此。

2. 成人之间的友谊轻松自然

你所处的文化或许会让你相信，成人友谊就像呼吸一样简单又自然。不是的。成人世界的所有关系，包括友谊，都需要用技巧去维护，花时间去呵护，费力气去保护。只有这样，才能确保友谊之树枝繁叶茂、开花结果。

3. 你需要一个挚友

这个神话又引出了我们有关童年友谊和成人友谊区别的话题。拥有一个至交好友绝对是所有人的梦之所求，但倘若你已成年，抱歉，这个梦想十有八九不会实现。还好，最要好的朋友并不是收获社交关系的累累硕果的必要条件。再次引用埃丝特·佩瑞尔的话："今天，我们要求一个人，给我们这些过去原本一整个村庄才能提供的东西——稳定感、有意义和连续性……那么多的伴侣在这一重压下劳燕分飞，这又有什么好奇怪的？"虽然该观点说的是爱情，但也适用于友情。你不需要找到专属于你的那个唯一的挚友。

4. 你必须在友情上舍得花时间，否则就是不称职的朋友

很多妙趣横生且让人心满意足的关系都因这个神话戛然而止。下面这个我称之为"我们应该小聚"(we should catch up)

的循环就是这一神话的衍生品。我没猜错的话，你应该会联想到这些环节：

第1步：你想念朋友，所以想打电话问候。

第2步：拿起电话，你意识到已经很久没和他/她联络了，负罪感扑面而来。

第3步：你觉得至少会跟他/她聊上1个小时，唯其如此才能弥补自己的过错。

第4步：1个小时？谁那么闲？反正你没那么多时间。算了吧。还是别打这个电话了。

第5步：你感到羞愧无比。

第6步：循环往复。

上述循环本不该出现。不过，即便出现了也不难解决。如果你知道如何定义自己与朋友的这段友情，那就没有必要为没有时间叙旧而感到羞愧。莉嘉是我大学时期最要好的闺蜜，但因为忙于各自的工作和生活，我们已经很多年没聚了。那时的我们，常常在风景如画的校园里，坐在椅子上促膝长谈，聊当年如何跟同学打架，还会对繁重的课业互倒苦水。如今，那段岁月静好的闲适时光早已一去不返了。为了避免一聊起来就刹不住车，我们一起创造了“5分钟小聚”（five-minute catch-up）。5分钟小聚可谓名副其实，匆匆复匆匆，一扫我们为联系彼此而找时间的压力，也成功消除了那种感觉自己像个坏朋友的负罪感，搭建起一个更符合现实的框架。要是没有这个5分钟小聚，估计我们早就渐行渐远、形同陌路了。

5. 你必须有线下的朋友，线上的不算数

你的生活，你做主。如果社交媒体能够提升你的归属感，那就敞开怀抱迎接那些联系你、关注你、认可你、支持你的网友吧。因他/她是线上的朋友就瞧不上？没理由啊。人们完全可以创建出安全可靠、互联互通的网络空间。虽然从生理上说，与三维空间中的人拥抱、沟通更胜一筹，但与线上朋友交流也一样有效。我的密友中不乏网友，即使我从未与他们在线下约见过。

6. 友谊万岁

害怕背负不忠的枷锁而不敢放下一段关系，委曲求全是对自我的背叛。不必为难自己。人生旅途上，离开同行伙伴，换条路线，都是很正常的。觉察到某段旅程会超越自己的极限，我们有说“不”或抽身离开的自由。没有哪条规则要求曾经存在的东西就必须一直存在，该离开时，你就华丽转身。虽然离别的轻愁会久久萦绕心头，但紧抓一段不健康的关系，则会让你终日凄凄切切、愁眉不展。

有关友谊的论述灿若繁星、浩若烟海。但其中最有用、最重要的话题不外乎这几条：如何设置界线、如何说不、如何应对冲突及如何理性地为朋友排忧解难。解除被卡住的状态，自然越快越好，但我们需要循序渐进，逐个击破。希望在社交圈如鱼得水，关键在以下三点：分清童年友谊和成人友谊的区别，定义我们希望友人扮演的角色，揭开友谊的六大神话。友情研究专家兼作家莉迪亚·邓沃兹（Lydia Denworth）曾说过："友谊的科学允许你和朋友出去玩，但要玩得心康体健。"这也正是我希望你能从本章的社会关系入门中学到的最重要的东西。

既然你已经看到了这里，就一定明白"朋友如蔬菜、天天离不开"的道理。既然如此，本章的最后一节将锁定如何寻找亲密关系这一话题。你要是对当前的感情生活颇为满意，完全可以跳过这一节。如果你正在为寻找伴侣一筹莫展，或者与伴侣闹得不可开交，我诚邀你拉一把椅子，加入我们的围炉夜话，好好清点一下那些让你感到郁郁寡欢和进退两难的关系。在我们开始之前，有一个重要的免责声明：这里或本书其他地方提到的建议只适用于传统意义上的人际关系或约会，但不适用于诸如虐待之类的情况。虐待不属于人际关系范畴，也不是沟通方面的问题，更不是一个"如果我再努力一些，也许会好一点"的问题。虐待的祸根在于施虐者。对此，我们点到为止，不做深入讨论。我从未向有虐待情况的人推荐过伴侣治疗。同样，虐待或主动成瘾的情况不在本章考虑的范围之内。

从此幸福地生活在一起……和其他有毒童话

电影业真应该给所有的爱情喜剧都贴上警告标签：童话般的爱情只是一个古老的传说。贝儿和野兽、爱德华和贝拉、桑迪和丹尼、杰克和露丝、罗密欧和朱丽叶——那些我们最喜爱的银幕情侣为我们提供的最好示范，偏偏是在一段关系中不能做的那些事。关于我们最喜欢的虚构情侣，在我看来却是一种有毒的关系动力，讲述了截然不同的故事：

令人神魂颠倒的银幕情侣	有毒的关系动力
贝儿和野兽 (《美女与野兽》)	斯德哥尔摩综合征（与施虐者建立联系）、见一个爱一个、情感虐待、身体虐待、孤僻、强迫症、自恋狂
爱德华和贝拉 (《暮光之城》)	跟踪纠错、精神虐待、威胁、身体虐待、孤僻
桑迪和丹尼 (《油脂》)	情感虐待、为了取悦伴侣不惜改变自我、煤气灯式心理操纵、欺骗、撒谎、约会强暴

续表

令人神魂颠倒的银幕情侣	有毒的关系动力
杰克和露丝（《泰坦尼克号》）	爱情轰炸、情感虐待，界线问题、感情只维持了两天、理想化、过分痴迷
罗密欧和朱丽叶（《罗密欧与朱丽叶》）	情感虐待、界线问题、跟踪纠缠、沟通能力低下、感情只维持了五天

注：表中观点仅为作者个人对电影的解读。

你会指责我是个不折不扣的浪漫杀手吗？在这之前，想想恋爱的科学原理。

当人们互生情愫时，大脑中的化学物质便如火山喷发般喷涌而出。肾上腺素、多巴胺和血清素肆虐，打破了我们应有的逻辑感。结果又是怎样的呢？面对一波又一波呼啸而来的巨浪，我们只想冲浪，享受那种激流勇进带来的快感，什么吃饭、睡觉、会友，统统皆可抛。虽然这种状态不会持续太久，但荷尔蒙飙升是构成求爱过程的一个正常且有趣的部分。这场罗曼蒂克一旦开始，一时半会儿平息不下来，因为这需要大脑重新进行校准，只有待“恋爱可卡因”之类化学物质的浓度降到一定程度，感知和判断力才会恢复常态。试图延长激素分泌的高峰期，其后果就像糖吃多了一样，最终会让你感到恶心。要想规避恋爱的陷阱，我需要先介绍一下那些让大家陷入困境的有毒童话：

- 你只需要爱。
- 搁下烦恼先睡觉。
- 你应该每时每刻都和爱人在一起。
- 你需要一个人来成全你。

你只需要爱

你很可能深深地爱着一个人，但却永远等不来“花好月圆”。虽然我们在精神上认为爱拥有征服一切的力量，但在我们的躯体中，爱的力量是有限的。如果爱的力量无穷大，母亲之爱就能治愈孩子的伤痛，伴侣之情就能治愈爱人的痴呆，朋友之谊也会最终使伙伴战胜困难。爱的降临让我们欢喜雀跃，但并不意味着从此一直幸福无忧。在处理浪漫关系时，若能正确理解人类的局限性，坦然接受这些局限性，我们就能脚踏实地地面对现实，摆脱那些不健康的心理状态，享受到健康的浪漫关系的福祉。你在和某个人谈恋爱，这话不假，但你不是和这个人的“潜在可能”谈恋爱。的确，对他人潜能的笃信会化作一份温柔慈悲、缤纷美丽的礼物，但前提是不必以自己的感情和身体为代价。一次，在一段感情

你在和某个人谈恋爱，这话不假，但你不是和这个人的“潜在可能”谈恋爱。

破裂之后，我和好朋友詹坐在街道上，四周灯光昏暗，我一根接一根大口大口地抽着烟。“可是我爱他！”我抽泣着。“亲爱的，”詹平静地说，“我知道，你爱他。但他会因此而改变吗？永远不会。”

搁下烦恼先睡觉

这条古老的建议直接叫板当代神经科学。当你极度缺觉时，还能保持理性与他人交谈吗？比较困难吧。那么，你不仅缺觉还满肚子怒火的时候呢？又能保持几分理性？估计结果会是灾难级的。与其强迫自己在某个问题上空耗几个小时，不如给自己腾出点时间和空间美美地睡上一觉，然后本着成熟稳重、尊重他人的态度去做决定，由此也能防止把那些小打小闹演变成世界大战。

你应该每时每刻都和爱人在一起

生火时，不能把木柴严丝合缝地摆在火堆上。如果不留空隙，火就会熄灭。因为火焰燃烧需要一定的空间和氧气。建立亲密关系也是一样的道理。整天腻在一起反而会增加压力，让崩盘来得更快一些。我向客户建议，开始一段新感情，不必每天腻在一起，每周与恋人独处一到两次足矣。客户们听到后，都以为我疯了。“什么？！这怎么够！我们还想长相厮守呢！”我完全理解这种心情，但所有的关系都需要足够的空间才能茁壮成长。

我们总爱相信，找到命中注定的另一半就是登上了开往幸福的列车。如果配偶关系真是打开幸福之门的万能钥匙，离婚统计数据也就不会那么扎眼了。对人生而言，找到伴侣是锦上添花，而不是雪中送炭。你可能不管不顾地抛下朋友、家人和坚持许久的爱好，一头扎进“温柔乡”，但别忘了，积极的社交生活可为两性关系的健康和成长保驾护航。如果你既没有一群坚定支持你的挚友，也缺乏自己钟爱的兴趣爱好，还没养成自我照顾的好习惯，那么，涉入爱河时一定要慎之又慎。你知道“培育一个孩子需要举全村之力”这句话吗？无独有偶，“培养一段感情也需要举全村之力”。

你需要一个人来成全你

你是不是从小就被灌输这样的思想：要找一个对的人，这样遇事有人帮衬，生活才能完满，人生没有缺憾。女性们学会相信只要在危急关头示弱，王子就会骑着白马翩翩而来，上演英雄救美的大片；也学会相信，一个人不足以撑起一片天空，倘若找不到那个真命天子，就只能沦落为与猫相依为命的大龄剩女。

千万不要这样想。

一定不要带着急需填补空白的心态赴约（例如，总感觉错过了花季），这样很可能会让你陷入一段不健康的关系。为什么？因为“缺陷约会”会让你过分依恋对方，不利于关系的健康发展。对此，我称之为投射纽带（projection bonding）。

如果你认为自己缺乏某些品质，渴望拥有而不得，就会被拥有这些品质的人所吸引，投射纽带就此形成。懦弱之人常常仰慕那些强势群体；如果感觉自身创造力匮乏，便极易被酷酷的艺术家迷得团团转。事实上，你已经拥有了你所需要的一切——尽管在你看来，自己一无是处、分文不值。每个人都有创造力，也不乏内在的天分。如果不能将这些创造力和天分与迷失的阴影部分相融合（见第四章），我们就不会停止找寻的脚步，并将投射（projection）与吸引（attraction）混为一谈。被投射纽带所左右，就等于困在一种不良的关系中。投射纽带的力量从何而来？就是你笃信他人拥有但你恰恰缺少的东西，如美貌、才能、灵性、领导力、智慧等品质。逃离？这种想法只会让我们心生恐惧，因为我们已与他们融为一体，逃离他们就是在逃离我们自己。不仅如此，一旦与他人形成投射纽带，我们就会一味妥协，想方设法维护之，甚至不惜以破坏自我为代价。即使将我们的一切，连同理智，摧毁殆尽，我们也仍然会“咬定青山不放松”。

总结：约会三原则

还记得交友三原则吗？只需稍加修改，就可以将同样的原则应用到约会中：

1. 分清银幕情侣和现实情侣的区别。

2. 定义我们希望另一半扮演的角色。

3. 揭开有毒童话的面纱。

一个提醒：约会时没有“模棱两可的信号”。如果有人对你有好感同时尚未婚配，他/她是不会玩感情游戏的；反之，如果他/她是已婚之人，或者对你不太感兴趣，你会很快察觉出蛛丝马迹。如果有人对你感兴趣，但却在行动上迟迟没有表示，你会迷惑不解、焦躁不安。“感兴趣+得不到=模棱两可的信号”。这恰恰是让你绕行的明确信号。“感兴趣+得不到”最容易在约会王国中创造出过山车一般的感觉，这是你要避免的。

在你人生的冒险之旅中，恰当使用约会三原则，会产生拨云见雾、直指内核的绝妙效果。区分电影的浪漫和生活的现实，定义你希望伴侣扮演的角色，揭开盖在有毒童话上骗人的面纱，三原则会帮你快速有效地去伪存真。奉劝大家，千万别相信那些友谊和约会神话，这跟喝漂白剂治疗病毒感染一样：第一，不起作用；第二，没有科学依据；第三，严重威胁你的健康。

重点精华

1. 缺乏牢固的人际关系对健康的危害堪比吸烟。

2. 你不需要非得有个挚友。

3. 对成人友谊来说，无条件信任不是必需的。

4. 考虑一下，你希望朋友扮演的角色，然后让他/她各就各位。

5. 不要试图给朋友安排不合适的角色。

6. 如果你想跟网友交朋友，那他们就是你的朋友。

7. 大多数银幕情侣，甚至是我们最爱的那些，他们之间的关系其实并不是健康的。

8. 没有必要和伴侣共度每一个清醒时刻。

9. 有时候爱情不足以维持一段关系。

10. 大脑从罗曼蒂克中恢复理智大概需要花费一定的时间。

行为准则

做	别做
浏览一下联系人列表，看看是否还有能够联系上的人。	尝试找一个闺蜜。 从建立肤浅的友谊开始也不错。
坦诚地告诉自己，哪些类型的朋友是你真正想拥有而不是你认为应该拥有的。	与不喜欢的人一起参加你唯恐避之不及的活动。 这会背叛自己的内心。

续表

做	别做
花点时间，想想你在恋爱关系中看重什么。	你觉得自己需要一段和别的情侣一样的感情。 做符合你自身情况的事。
与朋友和伴侣交往时，允许自己和他们保持距离。	强迫自己每时每刻都和朋友或伴侣在一起。 人际关系需要距离感才能蓬勃发展。

5分钟挑战

1. 给自己写一张许可证，上面写上“在我的友谊中，我允许自己______（对婚礼邀约说不、适当减少相聚时间、不煲电话粥，等等）”。

2. 我现在最需要朋友在我的生活中扮演的角色是______（建言献策者、知己、一起办大事的伙计、倾听者、喂养者、儿童观察者，等等）。

3. 请将第188页的友谊矩阵复制到笔记本上，并尽可能地把信息补充完整。

4. 如果友谊矩阵上有空白，想1~2条能够找人来填补空白的办法。

1 来自《牢固的关系对健康的益处》（*The Health Benefits of Strong Relationships*）一文，哈佛健康出版社（Harvard Health Publishing），2010年12月。

2 冒名顶替综合征：一直无法相信个体成功是自身努力的结果，或是不相信个体成功是自身努力或自身技能过硬的结果。——译者注

第七章

不善于处理情绪的家庭

我认为，任何超过一个人的家庭都可冠以“功能失调之家”。

——玛丽·卡尔（Mary Karr）

说起银幕上那些和谐美满、其乐融融的模范家庭，你的脑海里最先闪过的是谁家？是《欢乐满屋》（*Full House*）中丹尼·坦纳和他的甜心们，还是《新鲜王子妙事多》（*The Fresh Prince of Bel-Air*）中刀子嘴豆腐心的菲利普叔叔一家，或者是《富家穷路》（*Schitt's Creek*）中永不言弃的罗斯一家，还是《开心汉堡店》（*Bob's Burgers*）中讨厌与可爱并存的贝尔彻一家？

在我看来，有史以来银幕上最完美的模范家庭非《亚当斯一家》（*The Addams Family*）莫属。

刚开始看这部电影时，你可能会觉得它是一部充满压抑和绝望的暗黑系电影，甚至会情不自禁地叫道："这都是什么鬼？"但等真正走进这部电影，你会体验到一个截然不同的故事：

◉莫蒂西亚和戈麦斯的婚姻浪漫肉麻、激情四射。

◉这个家庭非常尊重成员的个性。

◉莫蒂西亚和戈麦斯的兴趣、爱好和朋友圈子迥异。

◉他们不排斥外人。

◉未经同意，他们绝不会朝家庭成员大喊大叫、拳脚相向，更不会虐待霸凌。

◉虽然是几代人住在一起，但他们仍然能和睦相处。

你可不要尝试亚当斯家的那些爱好，不管是玩电椅，还是喝毒药，都太危险了，分分钟会要了你的小命。但不得不说，亚当斯一家的关系简直就是教科书式的“健康家庭”模板。我见识过很多有毒家庭，如有自恋癖的妈妈、永远见不到的爸爸、强奸犯亲戚、暴力倾向的家人、瘾君子。我就来自一个有毒的家庭。

假如你的童年没有经历过任何虐待呢？

如果你家的日子过得顺风顺水，“抱怨”这个词似乎不该出现在你的字典里。哪怕有那么一丁点，你也会感到内疚。你的家人可能没有什么明显的虐待倾向；生活也是吃穿不愁，达到了标准的小康水平。即便这样，你还是会时不时地感到受伤，家人的恶语相向、草率鲁莽，都会让你感到愤怒、痛苦或者难过。如果你的家庭幸福美满，似乎“痛苦”这个词跟你八竿子也打不着，就算想想都会让你觉得有负罪感。你可能会质疑自己，明明生活在一个非常幸福的家庭，为什么还是会感到难过？抑或，我的家庭明明没有“功能失调”，到底是哪里出了问题？

本章将为你答疑解惑。

我们都来自“功能失调之家”（dysfunctional family，指拥有持续消极、不健康或虐待性互动的家庭）。这个术语不是指某个特定的家庭，而是指一种家庭的连续系统。如果你来自一个剧毒家庭或者虐待家庭——我能理解你。虽然本章内容主要面向功能相对健全的家庭，但任何家庭都可以观照己身，各取所需。每个家庭在功能失调这个连续系统上都占有一席之地。作为生活在一起的家人，你必然会受到来自家人情绪上的伤害。这是为什么呢？因为所有的家庭都是由人组成的，且人无完人。大卫·W.厄尔（David W. Earle）在《真情永远不够》（*Love Is Not Enough*）中写道："伤痕累累的父母会无意间把痛苦传给孩子，而孩子们在童年经历过的这些创伤，长大以后会引起一系列的适应不良性行为（maladaptive behavior）。"无心造成的痛苦仍然是痛苦，但你可以控制自己的感受。

"正常"的家庭也会导致创伤

"十二步疗法项目"的参与者说："'正常'就像洗衣机上的设置按钮。"世上就没有所谓的正常家庭。为了行文方便，我仍然沿用了"正常"这个词，用它来指代功能失调没那么严重（如虐待或者人身安全受到威胁）的家庭。

根据我的个人经验，来自所谓正常家庭的人会经常说：

◉"其他人的情况更糟。"

◉"我不像被虐待的人啊！"

◉"为这种事懊恼也太蠢了，我有一个美好的童年。"

◉"我不该对妈妈发脾气，她为了把我养大成人付出了太多。"

◉“老爸是好意，我真不该和他顶嘴。”

我在前面提到过，现在重复一遍：“换个视角有助于解决问题，但与他人比较则不然。”对家人感到愤怒、痛苦或者难过，这并不是因为你疯了。所有的家庭都有情绪上的创伤。在第三章中，我们把创伤定义为大脑的消化不良。威肯堡的梅多斯（Meadows）既是美国亚利桑那州的一个住院治疗中心，也是研究所有与创伤、成瘾和心理健康有关问题的大本营。梅多斯认为，我们或多或少都经历过创伤，我们也都或多或少地造成过创伤。经常有家长跟我说：“恐怕，我可能把孩子们搞得一团糟。”我回复：“你不用‘恐怕’，也不用‘可能’，你百分之百会把孩子们搞得一团糟。”

为什么？

你百分之百会把孩子搞得一团糟的原因在于，你是一个百分之百的人。既然如此，没有必要因为无心做了什么错事或者搞砸了什么而伤心自责。我是丁克一族，所以不擅长说那些为人父母者该如何去教养孩子之类的话，但是作为一名训练有素的治疗师，我能够准确流利地说出孩子们想说的话。我可以证明，无心的错误不会把孩子搞得一团糟。真正把孩子搞得一团糟的是：父母自身把事搞砸之后还破罐子破摔，以及超出父母掌控范围的环境因素。我的朋友兼同事瓦妮莎·康奈尔（Vanessa Cornell）是5个孩子的妈妈，也是NUSHU（女性疗愈集体）的创始人，她说："我的父母并不完美，所以我也不是什么完美的小孩，对此，我感到非常骄傲。一个不完美的母亲养育几个不完美的小孩。"你的孩子不需要完美的父母，他们需要的是"正常"的父母，只有这样的父母才能教会他们如何去做一个不完美的人。

米奇·阿尔博姆（Mitch Albom）在《你在天堂里遇见的五个人》（*The Five People You Meet in Heaven*）中写道："所有父母都会伤害孩子。更糟糕的是，我们对此却无计可施。孩子就像一个干净透明的玻璃杯，任何的碰触都会留下痕迹，有些父母会弄脏它，有些父母会打破它，甚至有的时候，会摔得粉碎。"教养的意义不在于完美。正常的父母不会苛求自己不犯错，而是勇于承认错误，并尽最大的努力去改正它们。本章的内容无意怂恿你去冒犯父母，也不会颐指气使地教你如何为人父母。除非有虐待行为，否则"好坏"这对标签对大多数家庭来说都不适用。相比而言，我更倾向于使用"善于控制情绪"（emotionally skilled）和"不善于控制情绪"（emotionally unskilled）来形容各个家庭。

什么是家庭？

就本章而言，“家庭”指那些陪伴你走过从出生到16岁这段时光的所有人[1]，包括父母、亲戚、保姆、邻居以及所有曾经照顾过你的人。注意，请不要拿着鸡毛当令箭，你不能借用这里的定义来责怪谁，甚至要斩断手足之情，或者同母亲反目成仇。“这没那么糟糕……其他人的情况比我严重多了。”这么想的确可以让你快速走出情绪上的创伤，尤其是那些不怎么严重的创伤，但是，即便它们再轻微，随着时间的推移，也会对你的价值感和幸福感产生影响。就像当你开始眯着眼看电脑屏幕时，你不会想着说“好吧，别人的近视更严重，所以我没必要配眼镜”。即使你的家庭真的很棒，你也有权去感受和治愈自己情绪上的痛苦。

关于依恋和教养的简要概述

阐释教养和依恋的文章、书籍多如牛毛。有人觉得想要解除卡定状态，就得孜孜不倦地啃完所有文章和书。虽然没必要读完全部，但基本的概念还是可以了解一下的，因为当你弄清楚都有什么样的教养方法和依恋类型后，就不至于等到出了问题，才毫无头绪、手忙脚乱地求解。如果你发现自己的原生家庭不是书里描述的那种理想型，莫要慌张，更别抓起电话直接朝你父母嚷嚷："你们的教养方式太烂了，难怪我找不到男/女朋友！"请允许我再次强调，本章所讲的内容不是为了让你借题发挥，去责备父母或者怨天尤人。玛雅·安吉洛写过："以前，我只是做了我知道该如何去做的事；现在，我知道的更多了，所以做得也更好了。"找出影响家庭和谐的不利因素能够帮你有的放矢地解决家庭矛盾。正如大卫·W.厄尔所说："功能失调家庭的种种恶习，不是因为缺乏爱，而是因为存在恐惧。了解并克服这些阻碍我们向家人表达爱意的恶习，是让功能失调之家克服恐惧、回归正轨的良好开端。因为它能让我们变得真实，让我们学会如何更好地去爱。"

20世纪50年代，约翰·鲍尔比（John Bowlby）博士和玛丽·爱因斯沃斯（Mary Ainsworth）博士总结了四种基本的依恋类型。20世纪60年代，戴安娜·鲍姆林德（Diana Baumrind）博士描述了四种主要的教养类型。下面的表格将会为你简短地介绍这几种依恋类型和教养类型。为了帮助你更好地理解，我从影视作品中精心挑选了几个典型家庭。

依恋类型

依恋类型	定义	银幕形象
安全型依恋	安全型依恋的孩子相信他们被爱环绕，有父母无微不至的照顾，有安全舒适的环境。他们不仅乐于独自玩耍和探索，而且也喜欢和别人互动。	《亚当斯一家》中的女儿星期三和儿子帕格斯利，他们会一起玩，但也经常各玩各的；和家里的大人关系融洽；对于感兴趣的事总是充满了好奇和率真。
回避型依恋	回避型依恋的孩子会对他人充满戒备。他们不相信别人，喜欢自己玩。有时，这类孩子会被错误地贴上“独立”的标签。	《阴间大法师》(*Beetlejuice*)中的丽迪亚·迪兹不太合群，也不愿意和家人互动，反倒喜欢和死人做伴。她的口头禅是“我的整个人生就是一间黑屋子，里面又大又黑”。

续表

依恋类型

依恋类型	定义	银幕形象
矛盾型依恋	这类孩子焦虑、缺乏安全感，而且喜欢黏人。一方面，他们渴望关注和关爱，另一方面，他们却拒绝关注和关爱，总是在二者之间摇摆不定。	《小鬼当家》（*Home Alone*）系列电影中的凯文，声称憎恨家人，刚开始时甚至还希望家人都销声匿迹；但很明显，他是在乎家人的，并且希望得到他们的关爱和接纳。
混乱型依恋	这类孩子的情绪表达比较极端，有时候敢爱敢恨，有时候却又麻木不仁。	《星球大战》（*Star Wars*）系列电影中的阿纳金·天行者，开始时是个可爱善良的小孩，但父亲的失踪、母亲的被害给他造成了严重的依恋创伤。阿纳金和妻子、导师之间错综复杂的关系也是致使他黑化的原因。最终，阿纳金变成了黑武士达斯·维达。[2]

教养类型

教养类型	定义	银幕形象
专制型	这类父母要求孩子百依百顺、言听计从。他们会弄出一套苛刻的家规，如果违反，孩子们将会面临严厉的惩罚。他们的办事风格就是为了惩罚而惩罚，根本不去思考应当如何去解决问题。	《安妮》(*Annie*)中的悍妮甘小姐，经常对孤儿院的女孩们进行身心折磨。
权威型	这类父母，虽说也会制定家规，并严格地去执行，但他们在执行过程中，会对孩子抱以同情和认可的态度。他们看重的是孩子们从这个过程中收获了什么。权威型父母在处理孩子犯的错误时，能够时刻保持冷静，不会感情用事。	《超人总动员》(*The Incredibles*)中的海伦·帕尔(又名弹力女超人或超能太太)，会给孩子们设定底线和规则，但绝不是用威胁的口吻。她会向孩子们解释事情的来龙去脉，并且积极热情地回应他们。她能坦陈自己的错误，并对女儿巴小倩说："这不是你的错。我一下子对你提出这么高的要求，这其实是不公平的。"

续表

教养类型

教养类型	定义	银幕形象
放纵型	这类父母虽然也会参与孩子的成长，但普遍缺乏存在感。他们对孩子几乎没有任何管教，更别说惩戒了。弗朗西斯·霍奇森·伯内特（Frances Hodgson Burnett）的小说《秘密花园》（*The Secret Garden*）中有句名言："对孩子而言，最糟糕的为人处世方式有两种。第一，没有章法；第二，我行我素。"	《欢乐糖果屋》（*Willy Wonka & the Chocolate Factory*）中爸爸对维鲁卡的溺爱，这个不用多说吧。
忽视型	这类父母往往对孩子的行为视而不见，有的甚至直接放弃管教。用"恶毒"来形容他们可能有些过分，但他们就是这样的态度，对孩子们放任自流。	《欢乐满人间》（*Mary Poppins*）中的班克斯太太就是忽视型父母的典型代表。尽管她为人善良，充满爱心，可就是对管教孩子提不起兴致，为了推卸责任，她把孩子们扔给了一个接一个的保姆来照顾。

如果上面的表格看得你云里雾里，那么下面的插图可能会帮助你更好地理解。

在善于控制情绪的家庭中，孩子们通常会表现出安全型的依恋，而父母通常采用权威型的方法来教养孩子。记住缩略词“SKILLED”，你会迅速地掌握健康家庭所需要的各种要素。

健康家庭的七个要素——SKILLED（熟练的）

- 寻求（seek）解决方案。
- 保持（keep）直接沟通。
- 邀请（invite）公开对话。
- 倾听（listen）彼此意见。
- 互相学习（learn）。
- 体恤（empathize）他人。
- 有礼貌地提出异议（disagree）。

有些家庭，把“SKILLED”奉为金科玉律，自始至终都严格遵守，但是仍然没法完全杜绝创伤。有的家人（特别是上了年纪的父母，自认为吃过的盐比你吃过的米还多），一听说要他们去学习让家庭更加和睦的新技巧，便开始横眉冷对。他们不是要针对你，只是单纯地不认同。约翰·布拉德肖在《布拉德肖课堂：家庭会伤人》（*Bradshaw On: The Family*）中写道：“也许没有什么词能比‘拒绝’更加准确地描述功能失调之家了。拒绝迫使你的家人罔顾事实，深陷谬误和谎言中无法自拔，甚至继续做着自欺欺人的春秋大梦。”如果你已经准备好走出“拒绝”的阴影，我准备了10个案例，帮助你理解什么是“UNSKILLED”——不熟练/不健康的家庭。我用“不熟练”这个词来形容那些处于失调状态的家庭。但如果你在童年遭受过身体上的殴打、情绪上的摧残，甚至被性侵，就不属于该范畴，上述行为属于虐待[3]。

处于失调状态之家的10种迹象

1. 非恶意的煤气灯操纵（Non-Malicious Gaslighting）

煤气灯操纵指他人诱导你去质疑自己对现实的感知。这个词来源于1944年阿尔弗雷德·希区柯克导演的心理惊悚片《煤气灯下》（*Gaslight*）。影片中，英格丽·褒曼（Ingrid Bergman）饰演的女主看到家中的煤气灯忽明忽暗，还听到奇怪的声音，就去询问丈夫，想要证实她的感受，但丈夫却说这些都是她脑海里的臆想，还质疑她是不是疯了。但事实是，她没有疯，这一切都是丈夫为了霸占财产而故意设下的圈套。通过煤气灯操纵，让她丧失理智，甚至最后还

被关了起来。一般来说，煤气灯操纵多见于自恋狂，属于高阶虐待形式，但是非恶意的煤气灯操纵，即便在普通家庭中，也时有发生。

有什么非恶意的煤气灯操纵例子？有位妈妈刚刚结束一天劳累的工作，拖着疲惫的身躯，心情沮丧地回到了家。她的小女儿问："妈妈，怎么了？"妈妈回答说："没什么，宝贝，一切顺利，妈妈很好。"这位妈妈正在对女儿进行煤气灯操纵，尽管她并没什么恶意。让我们来看看煤气灯操纵是如何发生的。首先，孩子准确地抓住了妈妈不舒服的迹象，直觉告诉她，妈妈并不是很好。可当妈妈说出一切顺利时，女儿就会怀疑自己的感知是不是错了。

其实，妈妈这样说更好："你看到了，妈妈现在有点烦。你猜得没错，我确实烦得不行，但是你不用担心哦，我会好起来的。我没有烦你，跟你一点关系都没有。"随着时间的推移，煤气灯操纵会造成严重的伤害。长期处于煤气灯操纵之下，即便操纵的背后不掺杂恶意，最终也会带来严重的后果。小时候经常受到煤气灯操纵的孩子，长大后可能会变得优柔寡断、缺乏自信，甚至觉得自己一无是处。

如何应对煤气灯操纵？就煤气灯操纵而言，我们不太推荐你去跟操纵者直接"打开天窗说亮话"，因为他们可以矢口否认，大事化小小事化了，甚至还反将你一军，说你是不是太敏感了。我的建议是，你去找个善于控制情绪的朋友（或者治疗师），征求一下他们的意见。在心理学上，这叫现实检验（reality testing）。非恶意的煤气灯操纵之家通常弥漫着浓浓的焦虑感。如果你家被不幸言中，那么是时候回头看看第一章中的焦虑管理策略了。

2. 父母化（Parentification）/亲职化

父母有能力照顾自己，就不应该让孩子来照顾他们。父母化的孩子，不仅要替父母担起照顾弟弟妹妹的责任，甚至还要顾及父母的感受。即便付出了这么多，他们却仍然担心父母可能会不高兴。如果你有过类似的经历，那说明你也是父母化的受害者。正常的父母不会拿孩子来应付差事。金伯利·罗斯（Kimberlee Roth）写道："父母化的孩子很

早就学会了对自己和家人负责。他们把自己隐藏在幕后，将舞台中心拱手相让……他们不愿意接受别人的照顾和关注。”正常的父母知道自己需要什么，他们不会苛求孩子的照顾或者关怀。丹尼尔·戈特利布（Daniel Gottlieb）在《家庭之声》（*Voices in the Family*）中写道：“如果我们把为人父母的焦虑传染给孩子，那么在绝大多数情况下，这都是对孩子们的不尊重，是对他们为生活奋力拼搏的不尊重。如果我们的要求超出了孩子们的能力范围，或者孩子们不太情愿付出，这也是对他们的不尊重。”

如何应对父母化？如果担心你的选择会让父母不高兴，那么大可不必，父母得有管理好自己情绪的觉悟和担当。如果父母让你做你不想做的事，放心大胆地说“对不起，我不想做”。但说起来容易，做起来难。如果真碰上了事，那么相信第五章有关界线的知识会对你有帮助。

3. 幼儿化（Infantilization）

父母化的对立面就是幼儿化。父母认为孩子永远长不大，事事都要依赖他们。这种心理的罪魁祸首是父母的被需求感。幼儿化在任何时候都有可能发生，尤其是在假期回家时。小说家V.C.安德鲁斯（V. C. Andrews）写道：“虽然我不敢百分之百确定，但我相信，当你长大成人后，如果有机

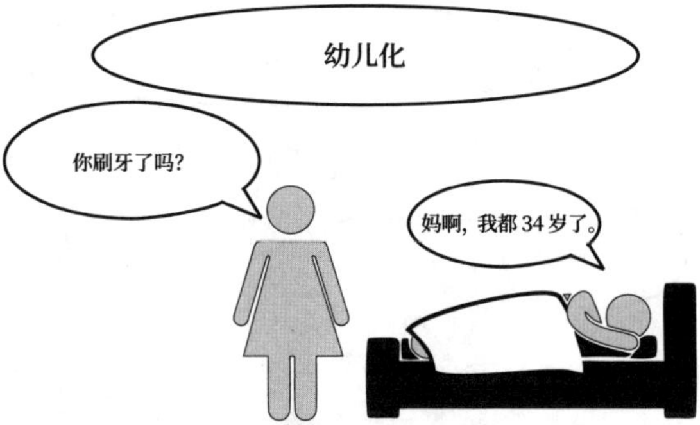

会回到父母家，不知为何，你就又变成了小孩，一个处处依赖他人的小孩。”

如何应对幼儿化？请记住，你是一个成熟、有能力的成年人。如果你始终觉得自己不够成熟、不够独立，那么请看第九章。

4. 三角关系 (Triangulation)

当两个人谈论不在场的第三者时，三角关系就诞生了。这种行为会对你的幸福感产生极为深刻的影响。在《非暴力沟通》中，马歇尔·卢森堡写道：“虽然我们都不觉得说话和‘暴力’有什么关系，但有时候，人们说出的话确实会伤害别人，甚至伤害我们自己。”比如，你的妈妈和小姨会一起吐槽你的体重，或者你的妹妹和爸爸会合起伙来嘀咕你离婚的事。

如何应对三角关系？解决家庭三角关系的方法是直接沟通。你可以拒绝参加三角关系的聊天，也可以要求家人停止这种聊天。说起要求，我们得谨慎一点，因为要求是让别人按照你的意图做事。虽然你可以请求，甚至哀求，大喊大叫，噘嘴卖萌，撒泼打滚，但这都改变不了一个事实——你无权决定别人的选择。你能做的就是设定界线，界线指你对别人的选择所做出的应对，所以，界线由自己掌控。如果家人不听劝，那么你有必要画出一条更严格的界线。

5. 完美主义（Perfectionism）

追求卓越会带来快乐；而追求完美则会带来羞耻感。追求卓越，梦想指日可待；追求完美，梦想遥遥无期。完

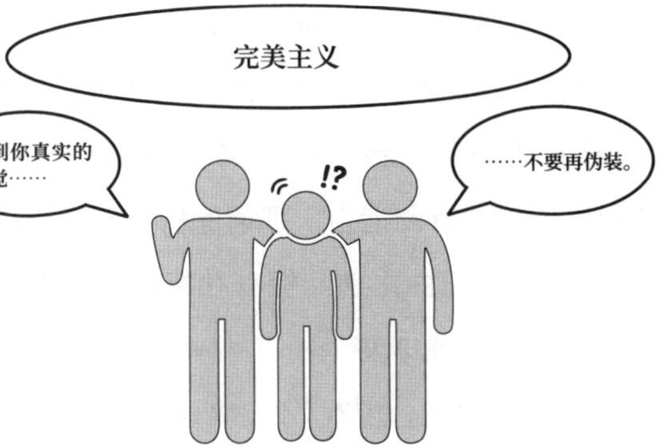

美主义不是美德，而是情绪上的自我伤害。伊丽莎白·吉尔伯特（Elizabeth Gilbert）写道：“恐惧披上了流光溢彩的华服就变成了完美主义。”你也可以把完美主义看作是包装精美的恐惧。

如何应对完美主义？如果你来自一个崇尚完美的家庭，你就必须找到属于自己的价值观，才能摆脱完美主义的困境。布琳·布朗曾经说过，同情心是克服羞耻感的解药。同样，保持真我是摆脱完美主义的解药。找些亲近的人，在他们面前，大方地展示你的凌乱不堪、笨手笨脚，不完美又有什么关系，毕竟他们都是自己人。

保持真我是摆脱完美主义的解药。

6. 生产主义（Productionism）

科学家和心理学家都一致认为，游戏是儿童健康发展过程中的重要一环。瑞士心理学家让·皮亚杰（Jean Piaget）曾说："如果你想拥有创造力，那请保持一颗童心，因为孩子在被成人社会扭曲之前，拥有独特的发明创造能力。"凯·雷德菲尔德·贾米森（Kay Redfield Jamison）写道："孩子们需要游戏的自由和时间。游戏[4]不是奢侈品，而是必需品。"

大量的科学研究证明，游戏对于儿童各个方面的成长都具有重要意义，其中包括学习、建立关系、培养创造力、减轻压力、开发大脑、提高社交能力、处理情绪和培养语言技能。即便如此，还是有很多不善于控制情绪的家庭错误地认为玩游戏就是在浪费时间。这些家庭深受"生

产主义”之苦。如果完美主义者对追求完美无法自拔，那么生产主义者对追求生产不能自已。奉行生产主义的家庭将生产置于玩乐之上，他们平常根本就没有玩耍、唱歌、跳舞之类的娱乐性活动，更别说创造什么新鲜玩意了。

如何应对生产主义？如果你的家庭不重视游戏，那么在自发性和创造力方面，你就很有可能会遇到瓶颈。甚至成年以后，你都难以体会到性爱的乐趣。在我读过的众多资料中，朱莉娅·卡梅隆（Julia Cameron）的经典作品《唤醒创作力》（*The Artist's Way*），是你摆脱生产主义困扰的不二选择。

7. 模糊界线（Blurred Lines）

“模糊界线”是指家人们缺乏身体界线的概念，或者没有人尊重你的身体界线。身体界线感强的孩子知道身体

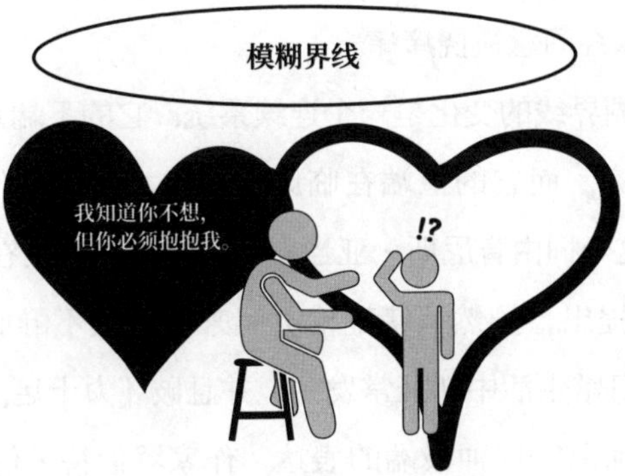

属于自己，而身体界线模糊的孩子总是被迫接受别人的无端指责和无礼碰触，还不能有怨言。例如，父亲跟出落得亭亭玉立的女儿说："哇，闺女，你的二头肌真棒，有空教教你妈妈怎么锻炼。"或者对孩子说："对你奶奶好点，快抱一抱她。"这种互动是有问题的。为什么呢？不管是接受别人对你身体的评论（即便是正面的评论），还是别人要求你去接受拥抱或者给予拥抱（尤其是在你不情愿的情况下），都会传递出一种不好的信息：你的身体不属于你。如果你曾经也说过类似的话，不用觉得羞愧。大多数父母都是发自内心地希望孩子往好的方向发展，也只有当深入了解身体界线之后，我们才能找到应对方式。模糊界限的例子包括：

- 被迫给父母按摩后背或脚掌。
- 浴室没有锁，也没有隐私。
- 被迫拥抱。
- 未经同意被挠痒痒。

模糊界线的变化是一个连续系统，它的下端是偶尔出格的家庭，而它的上端在临床上被称为情绪乱伦（emotional incest），这个词由肯尼斯·亚当斯（Kenneth Adams）博士在20世纪80年代提出。虽然情绪乱伦听起来让人很不舒服，但在我们的日常生活中却经常发生，并且破坏力十足，绝对配得上"乱伦"这种极端的表达。作家罗伯特·伯尼（Robert

Burney）写道："情绪乱伦是家庭生活中最普遍、最具创伤性和破坏性的行为之一。尽管它如此猖獗，但少有人对其进行描述或探讨。"原因可能在于情绪乱伦不像暴力或者性侵那样明显，它通常很难被察觉。[5]

在风平浪静的外表之下，模糊界线的影响其实暗流涌动。[6]经历过情绪乱伦的孩子在长大后，经常表现出和经历过性侵的孩子一样的症状。免责声明：我承认精神性侵和身体性侵不是一回事，但它们的症状却惊人地相似。

如何应对模糊界线？改变的第一步是确认问题的存在。想一想，你跟父母，还有照看你的人之间是何种关系？实事求是地问问自己，你们存不存在模糊界线的行为。告诉自己，你是在理智地认识这个问题。与其得过且过地找个借口说"老爸就是老爸"，你其实更应该想到，模糊界线可能是一个非常现实的问题，即便这种行为在你家挺"正常的"。如果小时候对界线模糊不清，那么成年以后，暴饮暴食或者嗑药成瘾便极有可能找上门来。如果你的家庭符合以上情况，那么第八章的内容可以帮助你走出模糊界线。

8. 控制（Controlling）

控制型家庭会使用威胁、负罪感以及吵架来控制家里

的人际关系、财务、家务等各个方面。大声嚷嚷固然是种办法，但不是所有的控制者都会这么做（并且，也不是所有的大声嚷嚷都是为了控制他人）。控制型家庭的种种行为属于言语虐待（verbal abuse）的范畴。在《完全感受之道》（*The Tao of Fully Feeling*）中，彼得·沃克（Pete Walker）写道：

言语虐待是指用语言羞辱、恐吓或者伤害别人。功能失调的父母控制孩子的常规操作，包括指名道姓、讽刺挖苦，甚至把人骂得一无是处。在美国家庭生活中，对孩子来说，言语虐待就像家庭作业和餐桌礼仪一样司空见惯。几乎每部电视剧都有这样的情节，它似乎成了社会公认的家庭生活的一部分。

如何应对控制型家庭成员？如果你长期遭受某个家庭成员的控制，问问自己如果奋起反抗会出现什么后果，这样对你摆脱控制会有一定帮助。如果家人拒绝学习新的相处方式，你就果断地把他们晾到一边。第六章的练习会帮助你结交一批善于控制情绪的朋友。用韦恩·W.戴尔（Wayne W. Dyer）博士的话说，“朋友是上帝派来拯救我们脱离家庭不幸的使者”。

9. 封闭系统（Closed System）

许多功能失调的家庭往往都是封闭的。他们认为外人不值得相信，并抗拒外面的一切影响，甚至要求所有成员都必须保持步调一致。这种家庭环境拒绝任何形式的改变，哪怕是健康向上的改变也不行。生活在封闭型家庭

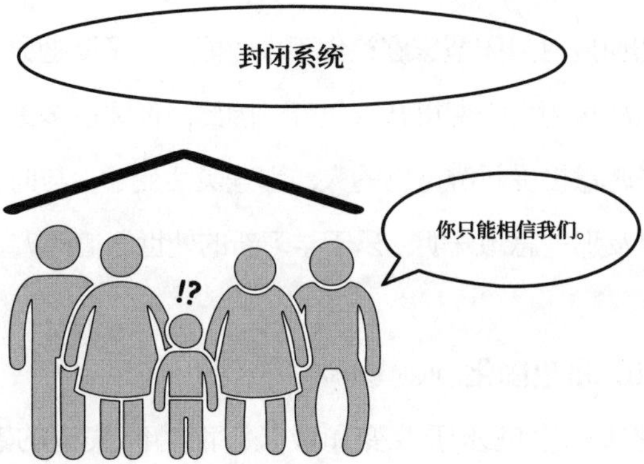

中，你经常会听到下面的口头禅：

◉我说什么就是什么，这就是原因。

◉照我说的做，别管我怎么做！

◉你不能相信这个家之外的任何人。

◉事情一直都是这样做的。

◉别哪壶不开提哪壶。

◉过去的事就让它过去，不要再想了。

相反，开放型的家庭欢迎沟通，愿意接受新鲜事物，并且乐于做出改变。他们喜欢新颖的提议，会做好随时调整的准备。他们对外部意见的价值有着清醒的认识，处事灵活而不死板。正如弗吉尼娅·萨提亚（Virginia Satir）所说的："价值感的迸发，离不开欣赏差异、容忍错误、开放沟通、规则灵活的家庭氛围，而这种氛围只存在于和谐友爱的家庭中。"

如何应对封闭型家庭？你不太可能一下子就把原生家庭的状态从封闭自守变得开放包容。因此，你要多多关注生活中那些愿意接受新鲜事物的人，那些灵活变通、与时俱进的人，以及那些思想开明、乐于学习新的处世之道的人。

10. 角色固化（Rigid Roles）

健康的家庭乐于改变和成长；而功能失调的家庭则

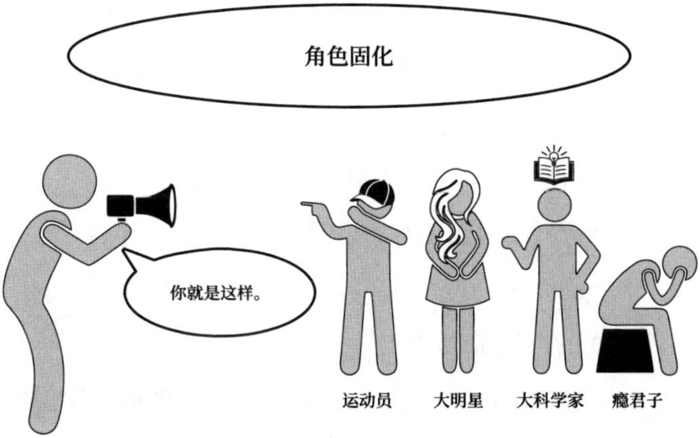

喜欢对号入座，任何改变自己的尝试，都会被视为大逆不道。如果家里人认为你是块读书的料子，而你非要去踢足球，他们肯定会给你泼凉水；如果家里人认为你是个搞体育的苗子，而你却对辩论俱乐部感兴趣，或者要参加校乐队的面试，他们一定会笑话你。

有瘾君子的家庭里，角色固化的现象往往比较明显。首先，家人是真心希望所爱之人戒瘾，但戒瘾意味着改变，而改变就会引发他们的抗拒。这种家庭模式的经典案例就是纵容（enabling）。特里·西塞克（Terry Ciszek）写道：“在孤立无援的情况下，纵容者（enabler）会极力把瘾君子对家庭的影响降到最低，从而避免家庭支离破碎。而瘾君子自己压根就没有戒瘾的想法。”为什么会有人抵制家人戒瘾呢？这是因为戒瘾的整个过程需要家人们付出真心、诚实和改变。瘾君子成功戒瘾之际，也就是潜伏的各种家庭矛盾爆发之时，除非所有人都接受改变。瘾君子戒瘾是需要付出代价的，角色固化的家庭会因为原本角色的改变而痛苦不已。

如何应对角色固化？如果你的家人试图让你也对号入座，最好别掺和，多去结交那些欢迎改变、热爱进步的朋友们。我的朋友兼同事内特·波斯尔思韦特（Nate Postlethwait）说："如果你生在一个角色固化的家庭里，他们会期望你朝着某个特定的方向去成长，然后借此肯定你的人生价值。这时候，你需要做的就是打破他们的幻想，要求他们尊重你的选择。毕竟，你不是演员，你不欠他们什么。"

我的家庭不那么完美，该怎么办？

如果你坚持看到了这里，恭喜！不管是客观地评估家人的情绪控制水平，还是突破自己去拒绝家人，都需要勇气。做出改变的第一步，就是承认家庭模式存在的问题。我们当然会承认。那下一步呢？下一步是要做到主动地"回应"，而不是被动地"反应"。在惯性思维的影响下，你的第一个念头可能是重操旧业，而不是尝试新东西。如果你也这样，千万不要气馁，第一次尝试宣告失败也很正常。比如第一次烙饼，“烙的那是什么东西啊，黏黏糊糊、奇形怪状，还糊得没法儿吃”。没人会因为第一次烙不好而内疚，因为这是意料之中的事。第二步才是你尝试打破习惯的契机，这时你要做到努力“回应”而不是继续被动地“反应”。第二步就像你烙的第二张饼。皮亚·梅洛蒂写道：“虽然‘功能失调’的父母不靠谱，但是我们该学的东西还是要学，比如，恰当地尊重自己，设定合理的界线，了解并认可我们自己的真实感受，照顾我们作为成年人的需求和欲望，适度体验我们的生活。”那么，具体该怎么做呢？当面对各种不合理的家庭行为时，“BUILD法则”（Boundaries、Unsubscribe、Investigate、Label、Delay）可以帮助你快速地作出决断：

界线（Boundaries）：健康离不开界线。研究界线的专家内达拉·塔瓦布（Nedra Tawwab）写道：“你的健康取决于你的界线。”不管是个人健康，还是家庭健康，都离不开界线。

取消关注（Unsubscribe）：不要接受“我应该”和“我不得不”的道德绑架。这些标榜责任和义务的短语只会让你卡在以往的家庭模式中。相反，你应该使用“我可以”和“我选择”，因为它们代表了你的自由意志。

观察（Investigate）：通过现实检验来确认你真实的感知。

贴标签（Label）：追踪自己的想法和感受，这样你的立场就不会乱。

延迟（Delay）：在完全弄清楚自己受到的伤害之前，不要急着去同情和原谅。

> 没有界线的同情，往好的方面说是牺牲自己，成就别人；往坏的方面说就是自残。

同情只有和界线并存的时候，才是合理的。没有同情的界线会让人感到冷漠和无情，而没有界线的同情就是热脸贴冷屁股。没有界线的同情，往好的方面说是牺牲自己，成就别人；往坏的方面说就是自残。记住，同情和界线并不互相排斥。那么原谅呢？你总以为自己受到的伤害不算什么，轻轻松松就原谅了别人。如果你有这个想法，请牢记以下三条原则：

1. 虽然原谅是一种美德，但它治愈不了创伤。

2. 不先弄清自己受到的伤害，反而急着去原谅别人，这种行为对你的存在感具有毁灭性的打击。这不就是自己给自己施加煤气灯操纵吗？

3. 一般来说，原谅是情绪治疗的赠品，不是情绪治疗的必需品。如果你不想原谅，那就不要原谅。

总结

家庭模式往往会代代相传，并且极难改变。如果你愿意认真探究一下家里人那些钩心斗角的事，相信你的感受一定会是五味杂陈的，说不清是愤怒、悲伤、痛苦、内疚还是沮丧。这件事做起来虽然痛苦，但回报绝对是丰厚的。《匿名戒酒协会大全》（*The Big Book of Alcoholics Anonymous*）一书中有一节叫“承诺”（The Promises），里面讲述的内容就是你立志改变之后应得的报酬。这些承诺适用于任何想要作出改变的人，包括改变家庭模式。它们包括：

◉我们将体会到新的自由和新的幸福。

◉我们不会对过去感到悔恨，也不会就此止步不前。

◉我们不再困囿于以往的磨难。

◉我们现在辛苦付出，甚至不用等到最后，就能品尝到胜利的滋味。

当你想要放弃时，提醒自己，放弃的后果就是被卡住。我们有意愿、有资源、有准确的信息，你要相信不可思议的转变能够发生，并且一定会发生。无论你的原生家庭是好是坏，只要想作出改变，什么时候都不晚。当你毅然决然地踏上这条布满荆棘的道路，坚持到最后，你就会发现，以前看似不可能的事情，现在做起来也没那么难。那些曾经让你崩溃的事也突然之间变得井井有条了。现在，愤怒和悲伤只是你的一段经历，而以前，你却是它们的玩物。你已经能够心平气和地设定界线，你会感到自己所向披靡、未来可期！

所有的这些承诺都适用于你。你一定能做到。

重点精华

1. 所有的家庭都存在功能失调的问题，只不过程度有所不同。

2. 换个视角有助于解决问题，但是与他人比较则不然。你有权控制自己的感受。

3. 安全型依恋是理想的依恋类型。《亚当斯一家》中的星期三和帕格斯利是安全型依恋的代表人物。

4. 权威型教养是理想的教养方法。《超人总动员》中的海伦·帕尔是权威型教养的代表人物。

5. 与其纠结你的家庭是好是坏，不如想想你的情绪控制技能够不够娴熟。

6. 你无权强制家人作出改变，但你可以改变自己的应对方式。

7. 对健康的家庭来说，界线是必需品。

8. 没有界线的同情就是热脸贴冷屁股。

9. 原谅是一种美德，但它治不了创伤。

10. 无心造成的创伤仍然是创伤。你没疯。

行为准则

做	别做
提醒自己，所有家庭都是由人组成的，而人无完人，犯错在所难免。	孩子遭受了情绪伤害，你为没能保护好孩子而深深自责。 善于控制情绪的父母会帮孩子治愈伤口，而不是帮孩子免受伤害。
记住，未经家人的同意，你不能要求他们改变。	强迫你的家人去改变。 在人类历史上，还没有人通过殴打虐待就能把家人改造得称心如意。
不仅要自己正视自己的感觉，还要找可靠的朋友和伙伴来进一步验证你的感觉。	寄全部期待于家人满怀同情地回应你的感受。
使用“熟练的”（SKILLED）语言进行盘点和总结。	对于家人的行为，你采取的态度是责备、羞辱或者抵触。

5分钟挑战

1. 参考本章插画所描述的10种处于失调状态的家庭行为。

2. 列出你熟悉的几种家庭不当行为。

3. 对于你列出的每个行为，写出如何应对的行动计划。

4. 承诺在下周完成其中的一项行动计划。

1 不同文化对家庭的定义不同。此处的定义绝非唯一，仅适用于本章。

2 不是所有混乱型依恋的孩子长大后都会变成达斯·维达。他们不应该被妖魔化。混乱型依恋只是一种略微有点麻烦的依恋类型，它不应该被贴上精神疾病的标签。

3 下面描述的10种迹象也存在于虐待家庭中，但程度更高，它们通常用以故意伤害别人。

4 此处指的是有益发育的游戏，区别于电子游戏。

5 关于情绪乱伦的研究不仅仅局限于身体界线问题，不过，其他问题不在本章的讨论范围之内。

6 本章对模糊界线的定义主要针对功能正常的家庭，因为一些家庭成员们真的不知道这些行为会造成伤害。但如果你来自有毒家庭，模糊界线的行为可以被直接判定为虐待。

第八章

信任你使用的手段

如何摆脱不良习惯的困扰

不要想当然。

——罗伯特·富尔格姆（Robert Fulgham）

你有过下楼梯时最后一阶一脚踏空的经历吗？超级尴尬是不是？虽然那时你的大脑告诉你："嘿，别担心！地面是平的！"但你的身体却说："不要啊！"紧接着一个踉跄摔倒在地。顾不得疼痛，你赶紧挣扎着站起来，偷偷环顾四周，看看周围是否有人注意到这一幕。如果发现的确有人看到了，你在心里暗叫倒霉的同时，也会手舞足蹈一番，并自我解嘲地大笑一通，似乎想告诉他们："我其实是有意为之。"

现在想象一下，如果最后一级台阶主宰着生与死，你还会这么做吗?

对于飞行员而言，如果大脑对空间的感知与实际情况失调，会引发空间定向障碍（spatial disorientation），即"死亡盘旋"（graveyard spiral），这将是致命的。空间定向障碍其实是一种生理过程的产物[1]，受此影响，飞行员通常会误以为飞机在一定的高度上水平飞行，但这是一种错觉！飞机根本不是平飞，而是呈螺旋状快速冲向地面。此时，飞行员的感官知觉并无问题，但却看不到也感受不到飞机的螺旋运动。其原因不是缺乏飞行知识，而是飞行员产生了错觉。所谓错觉，就是一种歪曲的感知。换句话说，大脑感受到的内部信息与外部情况不相匹配。空间定向障碍就是感知和现实失调的结果，飞行员觉得一切正常，但事实并非如此。美国联邦航空管理局（Federal Aviation Administration，FAA）的安全手册这么说：“如果飞行员未能意识到这种错觉，不能将机翼调整至水平状态，飞机就会持续下降……直到坠毁。”这种危险的空间定向障碍还有其他名称，如“致命盘旋”（deadly spiral）和“恶性盘旋”（vicious spiral）。

我们每个人都有过空间定向障碍的经历。人体内有一个掌管平衡的系统，科学界将其称为前庭系统（vestibular system）。该系统位于我们的内耳，负责保持平衡、维持姿势、提高身体稳定性。如果客观现实与大脑所认为的现实之间出现脱节，就会产生前庭错觉（vestibular illusion）。坐在停靠路边的汽车驾驶座上，你就有可能产生前庭错觉。你的车虽然没有移动，但旁边开过的车会给你一种车在前进的错觉，使你本能地猛踩刹车。大脑接收到的感官输入并不总能准确地反映出周围的实际情况，飞机失去控制也是因为飞行员的感知与周围情况不匹配所致。根据美国联邦航空管理局的安全手册：“飞行员的基本职责是防止飞机失控。飞行失控是导致美国通用航空和全球商业航空伤亡事故的元凶。”

那么，这与刷剧上瘾、悠悠球式节食（yo-yo diets）[2]、年年立年年倒的新年“flag”，或者三天打鱼两天晒网的运动塑形操有何关系呢？

息息相关。

上瘾就是十足的失控。虽然你可能不会承认自己是个瘾君子，但我们都了解时不时失控的那种感受。稍后本章会解释，上瘾和死亡盘旋一样，都是一种感知与现实的失配。无论你是借吃消愁的大胃王，还是不知疲倦的工作狂，你在生活中的速度和方向已然失控，最终的后果就是机毁人亡。当然，在生活中的失控表现未必像死亡盘旋般致命，但就成因而言并无二致。

美国联邦航空管理局的安全手册还指出："为防止失控事故发生，飞行员要时刻警觉并提高对失控风险状况的识别能力。迷失方向的飞行员可能并未意识到定向误差的问题……因为他们：（1）不清楚正在发生的事情；（2）不具备缓解或扭转该情形所需的技能；（3）在心理或生理上无力应对当下的状况。"

飞机失控也好，一天抽一包烟的习惯也罢，都是错觉的产物，即人的内心感受与外界实际情况不对应。在心理学领域，还有一个与之对应的词叫作"否认"(denial)。就是明知是事实，但内心拒不承认。如此，我们非但不去直面痛苦，反而一头扎进错觉的沙丘。一些虚假的声明，如"我明天开始就会步入正轨""想戒就戒，随时能戒""我今年就要开始健身"，其实都是错觉的表现形式。新年决心其实应该被称为新年错觉。你很清楚，所谓只喝1杯往往意味着喝5杯；告诉自己只吃1小碗花生酱，但最终会把一整罐吃掉，连碗和勺子都舔得干干净净。有没有什么办法，能制止这种自欺欺人的恶性循环呢？根据上文美国联邦航空管理局的安全手册中的解释，我作出了值得注意的三处小改动：

为防止失控行为发生，你要时刻警觉并提高对失控风险状况的识别能力。迷失方向的人员可能并未意识到定向误差的问题……因为他们：（1）不清楚正在发生的事情；（2）不具备缓解或扭转该情形所需的技能；（3）在心理或生理上无力应对当下的状况。

为帮助你摆脱上瘾、强迫症等不良习惯的困扰，有必要对美国联邦航空管理局的安全手册中的三个部分进行分解，逐一讲解：

1. 不清楚正在发生的事情。

2. 不具备缓解或扭转该情形所需的技能。

3. 在心理或生理上无力应对当下的状况。

对于第一部分（清楚），我们将重点讨论上瘾的定义，以及那些让你瞠目结舌的非上瘾实例。第二部分（技能）主要根据战斗机飞行员常用的策略，介绍一些有助于摆脱困境、重掌大局的办法。第三部分（心理或生理）会引导你如何戒毒并熬过戒断这一艰难过程。

不清楚正在发生的事情（是什么导致了上瘾？）

上瘾该如何界定呢？首先上瘾指人们与某种物质或行为之间的关系，伴随物质或行为数量上的增加，人们对它的耐受性也会逐渐增加，但对自我的控制力会逐渐降低，即使产生负面效果，也不想停下来（你愿意的话，也可以用“习惯”来代替“上瘾”）。对于上瘾之人是什么样子的，大家普遍都能达成共识，但在上瘾是怎么一回事这个问题上，研究者却存在很大分歧。与上瘾相关的学术文献彼此之间也不一致，有些甚至大相径庭。某些研究自信满满地宣称上瘾是一种内科疾病，与此相关且通过同行评议的研究成果足以填满整座图书馆。当然，认为上瘾不是内科疾病的研究成果也数不胜数，足以塞满另一个图书馆。在《什么是疾病？》[3]（*What Is a Disease*）这篇期刊文章中，杰基·利奇·斯库里（Jackie Leach Skully）教授提出了这个问题：“我们如何才能将那些碰巧发现的反常行为或特征与真正的疾病区别开来？”

上瘾是病？上瘾不是病？是？不是？是？那到底是还是不是呢？先听我给你讲一个故事吧，这是发生在我一个客户身上的真实故事。

皮特就是那种万众瞩目的孩子，人品和相貌都是很多女孩父母眼中的“理想女婿”。17岁时的皮特，身材修长挺拔，明眸皓齿，再配上一头沙茶色的头发，玉树临风，英俊潇洒，他还是大学橄榄球代表队的明星选手，可以说小伙子前途无量、未来可期。皮特没有家庭虐待或精神疾病史。他会定期和家人（父母及妹妹）一起去卫理公会的小教堂（Methodist church）做礼拜，还在当地的食品银行（food bank）担任志愿者。每年，皮特还和一帮年轻人参加教会组织的房屋建造活动。演员扎克·埃夫隆（Zac Efron）在《歌舞青春》（*High School Musical*）中扮演的角色就是皮特的完美写照。皮特因在打季后赛时膝盖处前交叉韧带撕裂去看医生，医生给他开了羟考酮。这是一种阿片类止疼药，虽具有强效的镇痛效果，但长期服用极易上瘾。而对于该类药物的致瘾性，许多医生都心照不宣地加以隐瞒。皮特的医生自然也不例外，并未告知他或其家属这类药物的副作用。服用几个月后，皮特惊恐地发现，他已经离不开羟考酮了。因为一旦停药，身体就会出现重感冒症状，包括浑身酸痛、肌肉痉挛、剧烈呕吐、频频盗汗。皮特不好意思告诉家人，为避免出现戒断症状，他开始偷偷地服药，而且越吃越多。但羟考酮是处方药，从黑市上买又很贵，于是他开始寻找其他“廉价的替代品”。没过多久，皮特就整天跟其他混混们厮混在一起，过上了共用针头和注射器的“快活”日子。4年间，他多次锒铛入狱，体重也掉了60磅（约27公斤）。最后，皮特的家人把他送进了康复中心，然后我与他在我的办公室里见了一面。

稍等。你相信皮特患有某种疾病吗？

是啊，我也不信。

上瘾是一个复杂的概念网络，涉及系统、生物、环境及许多其他因素。在目前的学界，对于“什么是上瘾？”一问的答案，非三言两语所能概括，有关戒瘾康复主题的研究也是众说纷纭：正如人们对上瘾的本质各执一词一样，人们在戒瘾康复方法的效果上也是仁者见仁、智者见智。以下是上瘾或不良习惯的几个诱因：

- 麻痹当下之痛；
- 逃避过去之苦；
- 担忧未来之变；
- 应对死亡之恐；
- 应对生活之艰；
- 权威医学处方导致的药物依赖（如皮特的情况）；

- 遗传性特质；
- 精神疾病；
- 系统性压迫；
- 创伤；
- 正强化（对某类行为进行持续肯定和奖励，如工作狂、对“干净”[4]的食物情有独钟、运动成瘾）。

我们期望有一个万能方案，能快刀斩乱麻地解决上述问题。但是没有！于是，我们研究成瘾的神经生物学机制，[5]对涵盖道德、疾病、社会学习、公共卫生和心理动力学等诸多领域的成瘾模型反复进行比较，[6]围绕禁欲、减少危害、自我节制等理论在戒瘾治疗中的应用效果展开辩论。[7]学术理论和研究固然有价值，但读懂这些理论并不是走出困境的必要条件。要打破任何习惯，你都需要从正确地提问开始。毋庸置疑，对成瘾的本质进行思考是一条妙趣横生的发现之路，但如果你的目标是想就此将不良习惯戒掉，那可从一开始就错了。

正确的第一步是什么？

你首先要问的不是“我做错了什么”，而是“我做对了什么”。大多数人在处理习惯问题时不是从行为理解角度入手，而是一上来就试图进行行为矫正。你的习惯发挥着某种作用，改变习惯的关键在于了解习惯所发挥改掉不良习惯的关键在于了解自己。

的作用，而改掉不良习惯的关键在于了解自己。还记得本章开头飞行员的例子吗？引发死亡盘旋并将飞机置于危险境地的不是飞行员知识欠缺，而是飞行员对正在发生的事情缺乏了解。著名作家马尔科姆·格拉德威尔（Malcolm Gladwell）在《眨眼之间》（*Blink*）一书中写道："作出正确决策的关键不在于掌握多少知识，而是了解这些知识是怎么回事。我们都醉心于追求知识，但对知识的理解远远不够。"

所有上瘾行为都有一定作用，了解其作用是开启改变行为之门的钥匙。

现在，让我们暂时把上瘾是疾病这一话题搁在一边吧（如果你的拳头刚刚攥紧，再听我说一会儿）。上瘾有时是一种疾病吗？或许是。上瘾有时是一种精神疾病吗？可能是。上瘾有时是一种必须加大力度进行治疗的终身慢性疾病吗？也许吧。如果你正在阅读本书，保不准会选择另一阵营，在那个阵营的人看来，上瘾完全是另一回事。

"另一回事"又是怎么一回事呢？

对大多数人来说，上瘾是一种行为和错觉的保护系统，该系统可以让我们免受惨痛现实的折磨。[8]正如《新英格兰医学杂志》(*The New England Journal of Medicine*) 中所说的："脑部疾病模型是西方世界最普遍的上瘾模型……学习模型表明，对某物或某事上瘾诚然不好，但它是对环境偶发事件的一种自然的、情境式反应，而不是一种疾病。"在《欲望生物学：为什么上瘾不是一种疾病》(*The Biology of Desire: Why Addiction Is Not a Disease*) 一书中，荣誉教授、认知神经科学家和发展心理学家马克·刘易斯 (Marc Lewis) 写道："我相信，将上瘾称为疾病并不准确……不要将自己视为孤立无援的病人，这是许多走上康复之路的上瘾者的共识，该观点也得到了康复者和复发患者的佐证。"《饥饿幽魂的领域》(*In the Realm of Hungry Ghosts*) 一书的作者嘉柏·麦特 (Gabor Maté) 说："科学上的发现、心灵上的教导和灵魂深处的共鸣都证明，每个人都能获得救赎。只要活着，就有重生的可能。终极问题在于，如何让这种可能性在他人和自身身上维持下去。"

为了使重生成为可能，我们需要先做一个假设：即使是最差的习惯，其使命也是保护我们，而不是毁掉我们。我们暴饮暴食、缺乏运动、工作过度劳累、没能好好照顾自己，之所以这么做，并不是因为我们仇恨自己，恰恰相反，我们拼命想"保护"自己。[9]你可能会问："保护自己什么？"答案将在下文揭晓。

不具备缓解或扭转该情形所需的技能

要想管住自己不沉溺于零食、电子产品或消费带来的快乐，最重要的技巧不是正面思考这些问题；不是把手机放到另一个房间（尽管这可能管用）；不是严格遵守生酮饮食。打破习惯最重要的技巧是，你能不能下定决心，直面“真实”的自己。

忽视自己的想法是一种高风险行为。

忽视自己的想法是一种高风险行为。试想，你一天对自己说多少次谎呢？对于这一问题，大多数人听到后，都会立即义正词严地抗议道：“我才不说谎呢！”不妨再考虑一下这个问题，有时说谎对你很重要，诚如你不想让别人知道你的坏习惯一样重要。说谎可以很简单，就像你感觉糟糕透顶，却对超市里热情好客的工作人员回复你很好一样。不想让伴侣知道你信用卡透支的事情是一个谎言，告诉自己明天要跑步，该锻炼身体了，也是一个谎言。理想与现实之间的差距赋予习惯以巨大的力量。当你认为的（我很好）与实际发生的（我真的不好）不相匹配时，你会像处于死亡盘旋中的飞行员一样，最终难逃机毁人亡的厄运。为什么？想想看，如果牙齿有点轻微疼痛时置之不理，时间长了会怎样？对于这种疼痛，一开始你大可以忽略，甚至会说根本就不痛。但总有一天，它会让你痛得感觉头都要裂开了，此时除了根管治疗已无他法，而根管治疗不仅价格昂贵，治疗起来还非常痛苦。哎哟！仅仅说一说就觉得疼得受不了。在康复界有一种说法，当有人说“我很好”时，“好”（fine）这个词其实是“该死的”（fuck）、“不安的”（insecure）、“神经质的”（neurotic）和“情绪化的”（emotional）的首字母缩写。[10] 真有见地。

死亡盘旋是空间感知扭曲的结果，上瘾则是事实扭曲的结果。当我们想说服自己一切都好时，无异于驾驶飞机冲向地面的飞行员，不经意间就给自己招致了灾难。以下是上瘾盘旋的过程：

上瘾盘旋

- 坏事发生了。
- 否认这件事。
- 避开这件事。
- 尝试用另一件事来逃避这件事。
- 对所有的事都感到羞愧难当。
- 循环往复。

那么，该如何打破这种循环呢？当我们为真相创造空间时，看看会发生什么：

摒弃上瘾盘旋

- 坏事发生了。
- 承认这件事。
- 感受事情带来的痛苦。
- 考虑如何才能减轻痛苦。
- 提醒自己，痛苦不违法，你有权感到痛苦。
- 深呼吸，抑制自己做坏事的冲动。

避免陷入上瘾盘旋的有效手段就是，列出所有令你感到不愉快、不适和痛苦的真相。你的真相可能很简单，也可能很复杂。你的真相可能是坦然接受母亲罹患癌症的事实，或者勇敢地承认，你看似完美的童年，其实是孤苦无依和痛苦不堪的。它还可能是你很多年前就已放弃、也一直不敢对外宣扬的对绘画的渴望。你是不是因为害怕被别人关注所以不想减肥？你是不是因为害怕变得很物质所以不想理财？我们隐瞒真相不是因为我们想毁掉自己，而是想保护自己。请把下表抄在笔记本上。列出生活中需要审视的领域，以及可能会让你感到不适的事情。记住，好事和坏事都可能会引起不适。避免使用“我应该……”，不要将“应该”常挂嘴边。

生活中需要审视的领域	秘密感觉/想法

范德考克博士在《身体从未忘记》一书中写道：“只要你有不为人知的秘密，并竭力隐瞒这些秘密，你基本上

就是在跟自己较劲……解决问题的关键在于，和盘托出那些你的秘密。当然，这需要巨大的勇气。”由于害怕生活会发生翻天覆地的变化，我们经常将那些秘密尘封。下表虚构的事例能助你一窥自身的情况：

生活中需要审视的领域	秘密感觉/想法
婚姻	我对这段婚姻极不满意，但我不敢承认这一点。一旦承认了，婚姻也就保不住了。但事实是，我真的很想离婚。
事业	最近升职了，我好担心朋友们会因此心生嫉妒。我也担心配偶会感到不爽，毕竟我现在挣得比他/她多。但事实是，我真的很想好好庆祝一番，享受成功的喜悦！
创造力	我真的很喜欢谱曲，但不得不承认，我很担心这一行赚不到钱，最后沦落成一个食不果腹的落魄艺人。但事实是，我真的很恼火，因为从来没有时间随心所欲，做一些富有创造性的事情。
养育	有时，我真想一走了之，但我不敢承认这一点。我害怕一旦这么说，别人会把我当成一个不负责任的家长。但事实是，有时孩子们的吵闹和尖叫都快让我崩溃了，真想找个地方清静清静。

你的大脑可能会用诱惑的口吻向你低语："忘掉你的所想，忘掉你的所感，忘掉你的所知。忘掉一切、装傻，会让你感到更安全。"事实果真如此吗？恰恰相反！任何诱惑你陷入并让你就此被卡住、停滞不前的习惯，无论是食物、酒精、金钱或其他方面，在不了解其真相之前很难真正做出改变。此外，你还需要超越"禁欲"[11]和"上瘾"的二元对立。

洞悉真相、去伪存真虽是摒弃习惯的必要前提，但为达到更好的效果，有时也需要配合一定程度的禁欲。对处于特定情况的人而言，有必要完全禁欲；但对另一些人而言，一段时间内禁掉某些事情可能效果最好。正如前面所说，并无放之四海而皆准的解决方案，而要因时因事而定。你需要考虑的有以下几点：

◉禁欲了，但并未由此体验到任何个人转变。

◉没禁欲，但也能体验到巨大的个人转变。

◉禁欲是一条实现个人转变的途径。

◉禁欲并不是实现个人转变的唯一途径。

◉禁欲不等同于转变。

虽然"十二步疗法项目"有助于心灵疗愈和自我觉醒，但美中不足的是它过于强调性格缺陷，而忽视上瘾的功能性和保护性特征。饮食减肥法只让你去关注大腿围度，而非洞悉你暴饮暴食内在的真相。而正念/康乐世界经常[12]以牺牲现实为代价，鼓励人们“只留正能量”。然而，真相缺席会让乱象丛生，最终诱发病症。

真相缺席会让乱象丛生，最终诱发病症。

2015年，演讲者、作家、记者约翰·哈里（Johann Hari）曾作过一场题为“你对上瘾的所有认知皆错”（Everything You Think You Know About Addiction Is Wrong）的TED演讲。哈里在该演讲及其著作《追逐尖叫》（*Chasing the Scream*）中，提出了一个颇具说服力的观点，号召人们重新思考成瘾问题，“上瘾的反面不是清醒，而是联系”。我一向都很钦佩哈里所做的工作，尤其敬佩他帮助人们寻找解决方案和减少耻辱感时富有同理心的处理方式，但对于该观点，我持有异议。[13]

不错，正如第六章论述友谊时提到的，人与人之间存在各种联系。虽然与他人进行沟通联系是康复的必要组成部分。然而，即便所处房间人头攒动，是不是没过多久你就会感到心如止水、孤单寂寥？即使身边有朋友和家人陪伴左右，是不是没过多久你仍会感到形影相吊、离群索居呢？我们经常希望从他人的身体、入口的食物，或者购买的物品中找寻生活的意义，但最终无功而返。上瘾的对立面不是联系，而是真相。

这是什么意思呢？

每一个上瘾行为、强迫心理、不良习惯，或者问题行为的背后，都潜藏着“亟待解决的真相”。在《找到自己的北极星：回归人生正道》（*Finding Your Own North Star*）一书中，玛莎·贝克（Martha Beck）说过这么一句话：“几乎所有客户都会告诉我，他们不清楚自己到底想要什么，事实肯定不是这样的。至少你的一部分（代表本质自我的那部分），一直都知道你到底想要什么（即使只是‘我想要的正是我所拥有的，谢谢’这句话，也会让你感到心满意足）。为什么你会不清楚自己想要什么呢？因为你的社会自我自作主张地认为你并不需要任何东西。”你的本质自我不但一直知道你想要什么，而且还知道你会在何时感到痛苦，哪怕你认为事情并非如此。

一旦将心灵从潮湿发霉的地窖里挖掘出来，那些痛苦不堪、尚未检验的真相就会在我们眼前展露无遗。普利策新闻奖得主查尔斯·都希格（Charles Duhigg）在《习惯的力量》（*The Power of Habit*）一书中写道：“说出戒烟、戒酒、戒掉暴饮暴食和其他顽固的习惯不费吹灰之力，但真正的改变需要人们去了解驱动自己行为的渴望，而且改变任何习惯都需要决心。”无论何时，在不清楚真相的情况下，一味地专注于修正习惯，很可能会徒劳无功，最后只能在原地打转，毫无进展。不良行为几乎总是有迹可循的。下表可以让你一窥触发不良行为的因素。

触发事件	自我安慰	真实感受	行为/信念
你和妈妈吵架了。	“算了。她就是这样。”	羞愧、背叛、愤怒、悲伤	你吃了一整盒饼干，然后将自己的主要问题归咎于食物上瘾。
老板当着同事的面对你大吼大叫。	“算了。在这种经济形势下，能有份工作就算走运了。”	羞愧、羞辱、愤怒、悲伤	你在约会软件上寻找约会对象，然后将自己的主要问题归咎于性瘾。
你的孩子说“我恨你”。	“算了。他只是个孩子，随他去吧。”	羞愧、愤怒、恐惧、悲伤	你花光了所有积蓄，然后将自己的主要问题归咎于强迫型消费。
假期。	“算了。这是一年中最美好的时光。”	怨恨、悲伤、绝望、孤独	你一周都不洗澡，然后将自己的主要问题归咎于懒惰。
所爱之人去世了。	“算了。万事皆有因果。”	愤怒、悲伤、绝望、恐惧	你喝了一整瓶葡萄酒，然后将自己的主要问题归咎于酗酒。

当来访客户对自己的选择感到不知所措或者羞愧难当时，我会首先想办法打破其错觉，帮助他们将主要问题从自身表面行为上移开。怎么做呢？依然使用上表中的例子，让我们来看看表面现象之下实际情况的真容吧。

行为/信念	真相是什么?
你吃了一整盒饼干，然后将自己的主要问题归咎于食物上瘾。	你讨厌和妈妈吵架。有时，你甚至会怀疑她当初是否真的想生下你。但一想到这些，你就会感到很难过。于是，开始暴饮暴食，这会让你好受些。将问题集中于食物上瘾能够分散你的注意力，有效缓解内心的痛苦。
你在约会软件上寻找约会对象，然后将自己的主要问题归咎于性瘾。	老板当着别人的面朝着你大喊大叫，这种公开羞辱勾起了童年时期你经常遭受辱骂的那段痛苦回忆。你努力不去想这些，于是就通过与他人约会发泄自己愤懑的情绪，以使自己不至于失控。将问题集中于性瘾，就不必触碰潜在的心灵创伤。
你花光了所有积蓄，然后将自己的主要问题归咎于强迫型消费。	当孩子对你大喊大叫时，你会觉得自己作为父母糟糕透顶。于是你会试图通过购物来填补内心的空缺，买一些你压根就用不上的东西。当财务成为主要问题，你就不必总为子女教育问题上的有心无力感到自责、羞愧了。
你一周都不洗澡，然后将自己的主要问题归咎于懒惰。	假期会令你郁郁寡欢，甚至觉得很难熬。你发现很难找到一个与你感同身受的知心人，所以万念俱灰，虚度了时日。然后，你会把所有问题归咎于自己的懒惰，如此，就不必考虑自己多么孤单寂寞、离群索居。
你喝了一整瓶葡萄酒，然后将自己的主要问题归咎于酗酒。	不久前，一场车祸让你永失所爱之人。你肝肠寸断，却无人可诉。于是，你将注意力全部放在了酒精上，这样就不必总感觉悲从中来、痛不欲生了。

毋庸置疑，成瘾和强迫症都是有问题的表现，二者都需要予以管理，但如果真相未能获得妥善处理，就会始终占据问题榜首。只有真正了解自己的内心想法和感觉，才可以通过干预措施来遏制冲动、提高自信，拥有那种“天生我材必有用”的感觉。要想治愈痛苦、改正习惯，你需要清楚痛苦的根源。史蒂文·普莱斯菲尔德（Steven Pressfield）在《艺术之战》（*The War of Art*）中曾说：“我们穷此一生不是为了把自己打造成理想中的那个人，而是弄明白我们是怎样的人，并做真实的自己。”为了让真实的自己转换成理想中的样子，你尝试过哪些“良方”呢？下列这些扭曲的想法，你有过多少？

- 没那么糟糕。
- 他们又不是成心要害我。
- 没有必要为这件事伤心难过。
- 我应该始终心存感激。

清楚自己享受的权利，感恩自己拥有的资源，观察生活中那些美好的东西……这些都是身心健康的表现。但请记住，换个视角才有助于解决问题，而比较则不然，因为比较会造成对事实的曲解。一片水域，有入口、有出口，就会有源源不断的活水；倘若没有入口和出口，就会变成一潭死水，容易遭到污染。我们亦如一片水域，不想被污染的话，就要对真相与痛苦进行平衡。以牺牲真相为代价获得的水域极其污秽，它会蒙蔽我们的双眼，让事情越变越糟。如果你拒绝承认牙痛的事实，那么根管治疗就在所难免。因此，改掉某个习惯或戒掉上瘾行为的第一要务，是坦诚地面对真相，即你感觉并不好。第二要务就是，提出那个问题："好吧，我承认我感觉并不好，我承认我很痛苦。但是我该怎么办？"你会在一个意想不到的地方找到问题的答案——一种叫作"OODA循环"（OODA loop）的军事理念。

OODA循环是20世纪50年代约翰·博伊德（John Boyd）上校提出的。他是一名美国空军战斗机飞行员，也是五角大楼顾问和军事战略家。四个字母分别代表观察（Observe）、调整（Orient）、决策（Decide）、行动（Act）。[14]无论你正受困于什么样的习惯，以上四个简单的步骤，都能助你摆脱困境，掌控形势。罗伯特·科拉姆（Robert Coram）在《博伊德传：改变战争艺术的战斗机飞行员》（*Boyd: The Fighter Pilot Who Changed the Art of War*）一书中写道："博伊德意识到，每个人都在经历某种形式的战争。要想在人际关系和商业关系中脱颖而出，尤其是在关系的战争中取胜，我们就必须了解自己的内心世界。"假如你不认同"人生有时是一场战争"这一观点，回想一下我们在生活中关于战争的比喻，如进行大规模斗争，对抗破坏性冲动，亲历核熔毁。有时，你可能将自己视为最大的敌人，而你也有可能感觉家就像一个作战区一样。正如我在第二章提到的，改变或挑战你的想法（比如，采用认知行为疗法）可以改变行为发展的轨迹。OODA循环是一种关乎正念的技巧，将正念融入意识，可以帮助你跳出自动化思维与行为的陷阱。

◉观察

注意一下你对拖延、酗酒、暴饮暴食等行为产生的冲动。考虑一下，今天和上周发生的事情。问问自己，是否在对自己撒谎。然后再问自己：对于最近发生的事情，我的真实想法是什么？我是否需要审视自己？看看自己是否存在一些不为人知的想法、感觉，以及亟待处理的痛苦。

◉调整

注意你的身体内部。你身体有不舒服的地方吗？有没有亟待治疗的病症？注意是否有过冷、过热、麻木、蜂鸣、刺痛或紧张的感觉，注意你的心率、呼吸和体温是否有异常，并提醒自己，大脑是在帮你，而不是在害你。

◉决策

问问自己，我现在有什么选择？列出所有你能找到的人、地点和物品。如何利用上述资源来帮助你降低心理失控的风险？你可以采取哪些行动？请列个清单，按照执行的难易程度从简单到困难依次排列。

◉行动

做清单上列的第一件事。如果这项行动不足以帮助你对抗习惯或上瘾的冲动，那就执行第二件。继续做下去，直至到达列表的末尾。如果你仍然感到十分冲动，那就回到“观察”步骤，再来一次。将下面的内容抄到笔记本上吧。

我的OODA循环：

观察：针对这一情况，我的真实想法是什么？

____

调整：我身体内部感觉如何？

____

决策：我有哪些选择？

____

行动：做完这件事后，我感觉如何？还需要做其他什么事吗？

____

OODA循环具有防止情绪陷入死亡盘旋的疗效。虽说对于日常生活中那些微不足道的小刺激或小痛苦，你可能看得很淡或全然不在意，但只要问题一天没解决，它们很快就会卷土重来。直至有一天，你会发现自己失去了控制，被卡在原地打转。在你运行自己的OODA循环时，请牢记英国文学偶像塞缪尔·约翰逊（Samuel Johnson）的那句话：“习惯的枷锁，在开始时轻得难以察觉，到后来却重得无法挣脱。”

在心理或生理上无力应对当下的状况

本章讨论的开头，我们主要利用美国联邦航空管理局的安全手册，帮助大家了解上瘾的功用——自我保护。然后讲解了安全手册中前两个部分的内容，即如何借助“真相”和“OODA循环”，纠正和规避危险情况。在最后一部分，我将讲述当心理和生理因素超出能力应对的范围时该怎么做。上瘾或不良习惯会让你沉溺其中，越陷越深，虽然你在心理上极力想摆脱它们，但身体往往不听指挥；即便大脑试图配合应对，但最终还是免不了臣服于内心的渴望。在“我做出了一个好的决定”和“我养成了一个健康的新习惯”之间，戒断无疑是一个让人感觉难受但又不得不经历的过程。人们普遍认为戒断只会出现在戒毒过程中，其实不然，任何对于大脑已经习惯的事物——人、地点、事物、行为、物质，只要试图做出改变就会出现戒断反应。其症状或轻或重，不一而足：有时感觉只是轻微不适，有时感觉虚弱无力、心慌心悸，有时也可能出现恶心、呕吐或偏头痛等明显的生理症状。[15]放心，你没疯。要改变一个习惯，你就得准备好应对可能产生的戒断反应。所谓做出好决定会立刻带来好感觉的说法，其实是一种错觉。正如死亡盘旋那部分说明的那样，从错觉到坠机，不过眨眼之间。如果你真的下定决心要跟一个长期习惯说再见，你可能会经历以下10个阶段。系好安全带，让我们一起出发吧。

打破一个习惯的阶段

1. 准备好了。来吧！
2. 好耶。我正在做出有利于健康的改变。
3. 哎哟！
4. 不，说真的……哎哟！
5. 我想放弃了。
6. 叹气……好吧。
7. 好没意思啊！
8. 我很郁闷。
9. 我感觉没那么糟了。
10. 这并不糟糕。

在电影《公主新娘》(*The Princess Bride*)中，主人公韦斯特利说的那句台词被人们广为引用。他尖锐地评论道：“人生是痛苦的，殿下。如果有人不同意，那他就另有所图。”你可以把这句话稍微修改一下：“摒弃习惯是痛苦的。如果有人不同意，那他就另有所图。”不要让“只留正能量”的说法欺骗你，让你误认为，只有你在痛苦之地孤军奋战。在最初的几天或几周，你会感觉远离一个有毒之人、戒掉某种有毒物质或摒弃一个有毒行为确实难于上青天。不要期望太高(“这样做会很棒”)，以免痛苦来袭时，抵挡不住，只能落荒而逃。如果你的期望(“这会很糟糕”)与现实(“是的，这真的很糟糕”)相匹配，你可以利用OODA循环对戒断的节奏加以把控。记住，“meh”(不在乎)是一个感觉良好的信号，在你前行的路途中多多留意这类信号会对你很有帮助。当你适应新习惯时，你可能会步入一段麻木期。不必在意，这是正常现象。尽管人们很容易将这种感觉误以为抑郁，但你要坚持到底。

“好吧，坚持到底……但要坚持多久？”

养成一个全新的习惯通常需要21天。[16]因为改变过程涉及众多的因素(比如，年龄大小、健康与否、所拥有的资源、经济稳定状况、动机强弱、基因问题等)，几乎不太可能给出一个明确的时间表，以此来判定改变一个习惯需要多久。一项发表在《欧洲社会心理学杂志》（*European Journal of Social Psychology*）上的研究发现，参与者有的短则在18天内就成功改掉了原有习惯，而有的人改掉一个习惯需要254天之多。不管需要多长时间，你大可放心的是，戒断不会永远持续下去。根据坊间说法，相对正常的生活环境下，通常在戒断发生的第2周结束时，大多数人的痛苦就能明显得到缓解。不过，如果你眼下正迷恋某种化学物质，还请寻求医疗看护吧。因为在没有医疗监督的情况下，强行停掉某些药物或者戒酒，很可能将自己置于危险境地，甚至会危及生命。这里的坊间说法针对的是改变行为的模式，而不是逐渐减少物质的摄取。如果你正在考虑为自己或所爱之人安排住院接受治疗，那么不妨花些时间调研一番，不光要找到一家有资质的康复机构，还务必要制订一系列治疗后的护理计划。

总结

我亲历过的上瘾行为包括：药物滥用、进食障碍、强迫症等危险的上瘾行为。要问有什么康复治疗的心得，我认为摒弃习惯虽不容易，但过程却很简单。无论你面临什么问题，改变习惯所需的技能与防止飞机失事所需的技能异曲同工，即了解事情的真相，而不是相信所谓感觉。虽然掌握这项技能需要进行适当的训练和练习，但你绝对值得拥有。你可能会想当然地以为，所有新手飞行员都会学习如何避免死亡盘旋。可事实并非如此。你也可能以为，学校应该训练孩子们去识别哪些思维是扭曲的，应该如何挑战这些思维。可事实并非如此。然而，你可以重新训练你的大脑。怎么做？据美国联邦航空管理局的安全手册的说法，“如果你在飞行中经历了前庭幻觉，请相信你的仪器，忽视你的感官知觉”。飞机的姿态指引仪是一款帮助飞行员清楚了解飞机相对于地平线位置的仪器，而你的姿态指引仪是OODA循环流程。在盲目地偏信自己的想法之前，不如花点时间确认这种看法是否与现实相吻合。

从上瘾和不良习惯中恢复过来并不一定意味着凡事都要好好表现，或者拒绝享受快乐。康复要建立在对自己诚实以待的基础之上，作家罗伯特·富尔格姆（Robert Fulghum）有一句至理名言：“不要想当然。”只要你的想法诚实、感觉真实，拒绝幻想、认清现实，你就不会被困在沙发上，也不会被困在薯片罐里。康复就是拥有属于自己的生活，向错觉和幻想宣战。

卡罗尔·S.皮尔逊（Carol S. Pearson）在《唤醒内在英雄》（*Awakening the Heroes Within*）中写道：“无论生活有多么顺心顺意、多么光彩夺目，如果不是你真正想要的，你就不会由衷地感到欢呼雀跃、幸福快乐。在你真正想要的生活里，无论过程多么艰苦，内心仍然感觉甜美快乐。”生活中，你需要不时地提醒自己，眼见不一定为实。《时间的皱纹》（*A Wrinkle in Time*）是马德琳·英格（Madeleine L'Engle）的经典之作，其中，被称为“野兽阿姨”的生物无法看到周围的世界，于是主人公梅格试图告诉她什么是视觉，但她失败了。虽然野兽阿姨对视觉的概念还是不明所以，但她依旧很热切地回应道：“我虽然不知道事情‘看’起来像什么，但却知道事情‘是’什么样的。这种叫作视觉的东西，一定有其局限性。”

她这话真是一针见血。

重点精华

1. 对自己撒谎只会使上瘾和不良习惯之火越烧越旺。

2. 在治疗上瘾这一问题上，没有放之四海而皆准的方法。

3. 上瘾和不良习惯说明一定存在问题，但它们并不是问题所在。

4. 上瘾和不良习惯的目标是进行自我保护，而不是自我破坏。

5. 上瘾的对立面是真相。

6. 禁欲并不是管理上瘾和不良习惯的唯一方法。

7. 在每一个上瘾行为、强迫心理、不良习惯的背后，都有一个亟待解决的痛点。

8. 做出一个好的决定可能不会立即带来好的感觉。

9. “戒断”是想要到拥有之间的必经之路。

10. 在没有医疗监督的情况下，不要贸然戒除化学制品。

行为准则

做	别做
在一天结束的时候列一张清单（在脑子里想想也可以），问问自己，今天是否在哪些地方没能做到坦诚待己或待人？	认为今天没有撒谎。 其实我们每天都在撒谎，小谎也算哦。
实事求是地回答这个问题：“我并不是总要通过做一些力所能及的事情来让自己感觉好些，因为________。”	因为没有做该做的事情而感到自责。 如果摒弃一个习惯很容易的话，也就不会有需要被摒弃的习惯了。
问问自己有没有亟待解决的痛点（即使你认为你不应该为此感到痛苦）。	一次性做出所有改变。 不如一步一步来。
为戒断过程做准备。列一张清单，在上面写上能为你提供帮助的人、地点、事情，以便助你顺利熬过持续数周的不适。	一出现戒断反应就选择放弃。 虽然克服戒断反应并不容易，但戒除不良习惯（不包括化学物质上瘾）不能急于求成。若是急性戒断，不出1–2周就会反弹。

5分钟挑战

1. 只有建立在真相基础上的感恩之心才是健康的。列出10件令你心怀感恩的事情。

2. 在感恩清单的另一面，再列一张清单，列出让你感觉沮丧、恼火、愤怒或悲伤的10件事（即使你觉得自己不应该为此而感到沮丧、恼火、愤怒或悲伤）。

3. 在一天结束的时候，想出至少1个你对自己或别人撒的谎。不要评判自己，意识到这一点就好。

1 “飞行时产生的空间定向障碍可能源于飞行情况或者飞行员的视觉错误……如果飞机缓慢地倾斜、上升，或者下降，那么飞行员可能察觉不到飞行线路正在发生变化，并认为飞机和自己都处于水平位置。”“空间定向障碍”，《大英百科全书》。

2 悠悠球式节食是一种不靠谱的饮食模式，是指间歇式的节食和暴饮暴食。——译者注

3 杰基·利奇·斯库里，《什么是疾病？》，《恩博报告》（*EMBO Reports*），第5卷，2004年第7期：650–653. doi: 10.1038 /sj.embor.7400195。

4 “清洁饮食”的观念会危害人的饮食习惯（指不吃加工精制食品，大量摄入未加工的农产品）。正如作者伊芙琳·特博尔（Evelyn Tribole）和艾莉丝·雷施（Elyse Resch）在《直觉饮食法》（*Intuitive Eating*）中所说：“当你放弃食用一种食物时，它便会一反常态，更加渴望自己能获得你的青睐，这种渴望会随着你每一次的进食变得越发强烈。你越是远离它，它的势头就越强劲。”

5 “研究证实，3条神经生物学环路对研究药物成瘾及相关的神经生物学变化具有启发：欣快期（binge/intoxication）、戒断期（withdrawal/negative affect）和渴求期（preoccupation/anticipation）。”乔治·F.库布（George F. Koob）和埃里克·P.索里利亚（Eric P. Zorrilla），《上瘾的神经生物学机制：促肾上腺皮质激素释放因子》（*Neurobiological Mechanisms of Addiction: Focus on Corticotropin-Releasing Factor*），《研究药物专家意见杂志》（*Current Opinion in Investigational Drugs*），第11卷，2010年第1期：63。

6 道德模型认为，上瘾是一种罪恶行径；疾病模型认为，上瘾根植于大脑内部，无法根治；社会学习模型认为，上瘾是一种习得的行为，可以改变；公共健康模型认为，上瘾是药物、使用者、环境三者之间的相互作用；心理动力学模型认为，童年是导致上瘾的罪魁祸首。来源：澳大利亚卫生部。

7 禁欲理论认为，彻底避开某种物质或行为是破除上瘾的唯一办法；减少危害理论则试图利用各种方法来减轻上瘾行为的后果；自我节制理论认为，某些情况下，我们完全有可能与某种化学物质或行为建立起健康的关系。

8 严重和持久的精神疾病、环境压迫、贫困和其他上瘾的根源不在本章的考虑范围之内。

9 将上瘾视为一种自我保护机制的观点并不能为上瘾行为开脱罪责。解释绝不等同于原谅，而是点燃变革之火的必要条件。任何一个上瘾之人都不能将其制造的偷盗、撒谎、制造家庭混乱以一句“我在保护自己”为由敷衍了事。

10 虽然这个首字母缩略词的来源不明，但它却经常被“匿名戒瘾互助会”奉为圭臬。史密斯飞船乐队（Aerosmith）在1989年所发专辑*Pump*中的歌曲*F.I.N.E.*让这个首字母缩略词得以流行开来。

11 此处的禁欲意味着避开某种物质或行为。

12 注意我使用的是“经常”这个词，不是“总是”。意思是有很多非同寻常的健康、正念之人和健康、正念之事。

13 虽然我不认可哈里关于上瘾的理论，但我相当喜欢他的著作《失联：认识沮丧，重获自信》（*Lost Connections: Why You're Depressed and How to Find Hope*），强烈推荐大家读一读。

14 OODA循环是高度复杂的军事战略，此处借用了OODA循环的理念，并进行部分修改，使其符合本章摒弃习惯的主题。此外，OODA循环的变体还常被用于诉讼和商业领域，因其能帮助提高决策技能。

15 一定要首先咨询医生，排除症状的产生是否为医学原因。

16 在流行文化中，人们经常使用“21天”，该说法可能起源于20世纪60年代出版的《心理控制术》（*Psycho-Cybernetics*）一书。这本关乎“自我形象”的书是整形外科医生马克斯威尔·马尔茨（Maxwell Maltz）博士所著。然而，马尔茨博士并没有说养成一个习惯需要21天。他说的是，病人适应自己的新形象通常至少需要3周时间。

第九章

做一名知性的成年人

小爱丽丝掉进了兔子洞，不幸磕着了脑袋，伤到了灵魂。

——刘易斯·卡罗尔（Lewis Carroll）《爱丽丝梦游仙境》（*Alice's Adventures in Wonderland*）

奥利维亚走进了我的办公室，一如既往地打扮精致，就像马上要拍照的模特一般。黑色的铅笔裙、板正的白衬衣，再搭配着脖颈和手腕上的华丽珠宝，不禁让人赞叹，好一幅美人画卷啊。一头乌黑靓丽的大波浪卷更是把她的妆容衬托得完美无瑕。尽管外表光鲜亮丽，但奥利维亚的内心却住着一个唯唯诺诺的小女孩。

她把沙发上的重力毯和面巾纸挪到一边，顺势坐了下去，然后开始哭哭啼啼地跟我抱怨最近的相亲对象。人们都说四十而不惑，看来少一岁都不行。奥利维亚今年39岁，但仍像在仙境中跌跌撞撞的小爱丽丝一样，活得不明不白。说话言不由衷、表里不一，明明心里赞成，嘴上却说不要；明明心里拒绝，可偏要同意。她没有界线吗？怎么可能有！奥利维亚的父亲掌控着她的人生（连花钱都要管），对她而言，父亲就是《爱丽丝梦游仙境》中老把“砍头”挂在嘴边的红心皇后。奥利维亚害怕朋友会抛弃她，并为此惶惶不可终日。她从事着一份体面的工作（税务律师），可她做事却总喜欢半途而废，哪怕是利己的好事，也很少坚持到底。奥利维亚和爱丽丝有相同的习惯，“平时爱提点自己（虽然极少照着去做）”。

奥利维亚过于漫长的青春期在临床上被称为“情绪性退化”[1]，指情绪年龄小于身体实际年龄，或者说，你的情绪“大小”和你的实际大小不相匹配。本章将围绕情绪性退化展开，我会向你解释什么是情绪性退化、情绪性退化的原因，带你走上从“退化”到“成熟”的蜕变之路。作为一名知性的成年人，你不能再小孩子气了，也不要听从大脑发出的刻薄指令（大脑就是一个超级糟糕的委员会[2]）。当一名知性的成年人还会有额外的收益，那就是把“高高在上”的父母打落“凡间”。在了解情绪性退化的前因后果之后，你就能知道如何对症施药，从而摆脱低迷状态，迈向新的生活。

确定问题——情绪性退化与情绪性成熟

你害不害怕工作的时候闯祸、把父母惹恼？哪怕已经27岁了，你还是会下意识地遮掩自己的文身，怕老爸看到骂你一顿。碰到加油、洗牙这类成年人的差事，你会不会手忙脚乱、慌不择路地逃避？

每次干什么之前，你会不会都征求伴侣的许可，就像小时候征求父母的同意那样？下表列举了情绪性退化和情绪性成熟之间的差异。

为解除卡定状态，你的情绪需要保持在合适的“大小”上——听起来太过离奇？但“大小”的说法确实存在，刘

情绪性退化的迹象	情绪性成熟的迹象
优柔寡断。	知性的成年人善于征求意见，权衡各个选择，最终自主做出决定。
害怕惹人生气。	知性的成年人不会自作主张地考虑别人的想法，他们能巧妙地化解冲突，设定界线。
无法说“不”。	自信地说“不”。
情绪化。	善于调节情绪，会做出主动的“回应”而不是被动的“反应”。
想成为“最受欢迎”的孩子、员工或朋友。	所有人都有闪光点，生活不是零和博弈。
老觉得自己不行，患有冒名顶替综合征。	承认自己的短处和长处。
不敢坚持，在乎别人的看法。	即使会让有些人失望，但依然自信满满地追逐自己的梦想。

易斯·卡罗尔在《爱丽丝梦游仙境》中就隐喻了情绪性退化。爱丽丝跟毛毛虫说：“一天里忽大忽小，我都不知道自己是谁了。”想想看，你的一天又会经历多少次大小的变化呢？进老板办公室时，你可能会吓得瑟瑟发抖，但到了晚上给孩子讲睡前故事时，你又变成了一个胸有成竹的成年人。早上的时候，你还因为妈妈说你胖，就跟一个16岁的少年一样赌气，但到了下午的销售大会，你却化身“刀锋战士”，所向披靡，把早晨的不快忘得一干二净。我

们都经历过不同程度的情绪大小变化，一旦按下情绪性退化的按钮，成年人就会变成嚎啕大哭的婴儿、郁郁寡欢的少年，抑或大喊大叫的孩子。

退化的圣诞时光

想想人们在感恩节、圣诞节等节日氛围里的各种情绪。我们在第七章中讨论家庭关系时说过，节假日是一年中最有可能出现情绪性退化的时候。[3]假期对于心理治疗师来说，就像会计师进入了繁忙的“纳税季”，手机屏幕闪烁不停，电子邮件一封接一封，预约治疗的顾客络绎不绝。当回家过节时，你会觉得自己年轻（小）了多少？对假期的期待和假期的现实之间存在一条深不见底的壕沟。情感上的痛苦被我们大快朵颐（一起吃下的还有南瓜派和蛋奶酒）地吞食掉，人们觉得这时候就应该高兴。祝福的短信叮叮当当响个不停：

“祝你度过一个超级快乐的圣诞节……”

“普世欢腾……”

“欢呼吧！雀跃吧！”

“真宁静，真光明……”

“唯愿世界和平，希望所有的善良都能被温柔以待……”

尽管假日里处处洋溢着喜庆欢快的音乐，但却是抑郁飙升、自尊心锐减的高发时节。即便情绪性退化不是导致假期忧郁症的唯一因素，但它也在众多因素中名列前茅。有多少次，你心不甘情不愿地被拉到了姐姐的派对上，可事实上，你只想自己安安静静地过个节。如果你答应去的原因是害怕姐姐发火，那就说明你出现了情绪性退化。有多少次，你被老公硬拉着回婆婆家过感恩节，而你真正想做的只是宅在家里点个外卖。如果你答应是为了讨好刻薄的婆婆，那么情绪性退化极有可能是罪魁祸首。很多人在11月和12月都会有种无地自容、被卡住的感觉，可等元旦一过，当即就重回自我，决心痛改前非。到了春天，之前立下的决心却早被抛到了脑后，为此，我们深感羞耻。当假期再度来袭，新的循环又一次开启，倒退—决心，循环往复。

在《让自己成长》（*Growing Yourself Back Up*）一书中，专家约翰·李（John Lee）写道："退化在我们的社会中非常普遍，大多数人要么是正在开始经历退化，要么是处于退化之中，不然就是刚从退化中走出来……如何处理自己和他人身上的退化，将是你最值得学习的技能之一。"如果在生活中，你总有一种处处受制于人的感觉，那么，你就需要好好考虑一下情绪性退化的影响。在开启"让自己成长"的旅程之前，列出所有你感到的让自己退化的人、地点和事件。你可以按照下面的格式来做（或创建自己的格式），把这些句子誊到笔记本里（必要时可多次复制），创建一张你的“退化清单”：

当我的______（妈妈/爸爸/老板/配偶/朋友）说/做______时，我感觉自己变成了______岁。如果我觉得自己长大了，有能力了，我会说/做______。但我没有这样做，因为我担心______会发生。

稍后我们会讨论你的退化清单。下面将重点介绍，在从情绪退化到情绪成熟的转变过程中，我们到底应该做些什么（如果你觉得自己的蜕变不够完美，不用羞愧，跟你有一样感觉的大有人在）。然后，我们将探究情绪性退化的原因，驳斥那些让你卡住的观点。最后，你会获得一幅路线图，它将指引你走出情绪性退化。虽然蜕变之路崎岖不平，但坚持到终点，你一定会收获别样的风景。

被打扰的成长之旅——青春如同炼金

炼金是一个充满神秘色彩的转化过程。在中世纪，很多人都相信炼金术拥有神奇的魔力，能够化痛苦为力量、化混乱为整齐、化创伤为胜利。对炼金术士而言，他们梦寐以求的愿望便是从廉价的材料中提炼出无价之宝，这个过程可谓神秘莫测、玄之又玄。

你会发现，成长也是如此。

小说《牧羊少年奇幻之旅》(*The Alchemist*)蜚声文坛，作者保罗·柯艾略(Paulo Coelho)借小说主人公之口说道："这就是炼金术存在的原因……让每个人都去搜寻他/她的宝藏，找到后就能让生活焕然一新。"从儿童长到成人也是一个炼金的过程。虽然你不能选择童年，但你可以选择自己成长的方式。理论上讲，青春期是儿童长大成人的关键时期，在这个过程中，我们对儿童阶段的"原材料"进行加工转化，希望炼出一个"性能优良"的成人。但是，这个炼金过程却总是会被打断，没办法，生活就是这样，但错不在你。炼金的中断不是我们的问题，有太多不可控的干扰因素，如看护人、财务状况、特权、创伤等等。

由于儿童和成人之间并没有清晰的界线，因而你不可能在生活的每个方面都同时蜕变为成人。你可能是位了不起的家长，但一个高中学生的算术能力可能与你相差无几；你也许在工作上如鱼得水，可有时候一根小小的牙线却能把你难住；[4]你可能善于交朋友，但在和爱人相处时则畏手畏脚。大多数人都可能会在生活的某个领域卡住。

哈里斯·C.法格尔（Harris C. Faigel）博士在《炼金术：青春期如何把孩子炼成大人》（*Alchemy: How Adolescence Changes Children into Adults*）中写道："青春期是一段充满魔力的炼金过程，儿童由此蜕变为成人。青春期是一次个人的时间穿梭之旅，也是一次充满艰难险阻的探索之旅，途中时而狂风暴雨，时而死气沉沉。青春期是一座桥梁，正是因为青春期的淬炼，我们才能踏上从童年走向成年的旅程。"如果说，青春期是通往成年的桥梁，那桥上一定会挤满滞留的旅客，后退便意味着重回少年，随之而来的便是情绪上的爆发、失控和崩溃。

幸运的是，情绪性退化只是一种心理状态，而非身体问题，所以你会被困于桥上。正如爱因斯坦所说："时间和空间是我们思考的方式，不是我们生活的条件。"如果时间和空间只是一种思想，那意味着你有能力改变它们。[5]你完全有可能扭转情绪性退化，重新变成一名知性的成年人。爱丽丝掉进兔子洞后，情绪开始逐渐成熟，最后找到了回家的路。你也可以。

是什么导致了退化？

情绪性退化是由心理上的"恋家"引起的。什么意思？玛雅·安吉洛写道：“每个人心中都有对家的渴望，那是让我们无需面对质疑的避风港湾。”但家的意义不仅仅是个水泥砖瓦房，也不在于那些让你“生活、欢笑、喜爱”的小装饰。里歇尔·E.古德里奇（Richelle E. Goodrich）写道：“家是最有可能听到‘我了解你’‘我接受你’‘我原谅你’‘我爱你’的地方。”而最应该对你说出这些言语的人恰恰是你自己。当成年人在心理上开始出现“恋家”想法时，情绪性退化的苗头便会出现，人们会试图从外界寻求慰藉，但答案却隐藏在我们心中。只有身心的安宁才能让你体会到“此心安处是吾乡”。

在现实生活中，你的家庭可能有父母或者姐妹兄弟，也可能有伴侣或者孩子，这都很正常。但如果想要解除卡定状态，你的内心也需要有一个家。女性主义者贝蒂·弗里丹（Betty Friedan）曾说过：“像别人一样活着，总是比活出你自己要简单。如果你从来没有体会过属于自己的生活，对此产生的恐惧将是你面前最大的拦路虎。当广大女性意识到，除了自己，没人能够回答‘我是谁’这个问题时，通常会惊出一身冷汗。”无论男女，只要敢于踏上追求情绪成熟的旅程，就都是英雄。

“英雄之旅”（The Hero's Journey）这个概念由作家约瑟夫·坎贝尔（Joseph Campbell）带火。那些最令我们津津乐道的故事大都采用了相似的套路：故事主人公背井离乡，一路披荆斩棘，最后荣归故里，变得更加智慧、成熟，更有自知之明。在《千面英雄》(*The Hero with a Thousand Faces*) 中，他写道："英雄踏上征途，为的是敢于走进自己内心的最深处；为的是涅槃重生，获得新的自我；为的是探寻心灵成长的规律，不再重蹈覆辙；为的是最后惊奇地发现，原来自我本身才是奥秘所在。"英雄之旅的意义在于情绪从幼稚到成熟的转变。当你接近目的地（情绪成熟）时，你会知道：

◉ 你不再像以前那样容忍有毒的关系。

◉ 在大部分情况下，你能心平气和地面对你的食物、睡眠和各种需求。

◉ 你直言不讳（心口一致），并且不怕别人评判。

◉ 你学会了拒绝。

◉ 你对自己说话时充满了同情和善意。

◉ 你有自己做决定的能力。

◉ 你不再害怕惹祸上身。

◉ 你听从自己的建议。

到了这里，读者们通常会说："好吧，确实有点道理。我被卡住是因为我不像个成年人，也没有从内心中体会到家的存在。我明白了。那下一步该怎么办？我该怎么找到回家的路？"

阻碍情绪成熟的各种信念

在确定问题（情绪性退化）之后，我们要做的第一件事通常是弄清楚让你卡在桥上、阻碍你走向情绪成熟的各种信念是什么。以下是阻碍情绪走向成熟的四个主要信念：[6]

1. **无条件的爱**（成年人需要给予和接受无条件的爱）。
2. **无条件的信任**（成年人之间需要无条件信任）。
3. **善良**（人有好坏之分）。
4. **天真**（生命不过是黄粱一梦）。

在你把这本书扔到屋子的另一边以示抗议之前，请记住，变成熟的回报远远超过不愿走出童年的那点甜头。虽然告别童年会让人无比痛苦，但作为一名知性的成年人，你要决定：

- 和谁约会，和谁做朋友。
- 吃什么、吃多少、什么时候吃。
- 住在哪儿（以及去哪儿度假）。
- 如何养育自己的孩子和爱宠。
- 什么时候去追逐梦想。

其实，你也不用抛弃童年的一切。作为一名知性的成年人，你反而拥有更多的自由去追逐梦想，去天马行空［受南茜·朱尔（Nancy Drew）女士的启发，我也尝试圆了一个童年的梦想，那就是用书

童年信念	成人现实
我得到了无条件的爱！	心理学家、畅销书作家爱丽丝·米勒（Alice Miller）在《天才儿童的悲剧》（*The Drama of the Gifted Child*）中写道："作为成年人，我们不需要无条件的爱……只有小孩子才需要，这种爱永远不可能在成年人的生活中寻觅到。"一切健康的爱都是有条件的。成年后，唯一能够无条件爱你的人只有你自己。
我无条件地信任他人！	人非圣贤，孰能无过。我们在第六章中驳斥过一个错误的观念，那就是，要想维持健康的成人关系，无条件的信任是必需的，也是可行的。
善良确实存在！生活中有好人也有坏人。	世上没有至善至美的好人，也没有无恶不作的坏人。知性的成年人都知道，每个人的内心都有一杆秤，秤的两端放着"好"和"不怎么好"。
天真确实存在！生活中没有什么不好或者不公平的事！	只有一小群极其幸运的孩子才能得到"天真"这份礼物。知性的成年人可以像孩子那般去好奇、去快乐，但却无法像孩子一样保持天真。在现实世界里，天真和残酷的现实本就是对立的，而知性的成年人更能了解现实的残酷。

架作墙，圈出一个秘密的阅读基地]。号称"百变女王"的传奇作家朱莉娅·卡梅隆（Julia Cameron），在她的名作《唤醒创作力》（*The Artist's Way*）中设计了一种名叫"艺术家之约"（artist dates）的方法，当你的灵感被卡住的时候，它能够帮助你的灵感走出

来。“艺术家之约每周都会举办一次，你可以独自一人痛痛快快地探索任何感兴趣的事情。”[7]知性的成年人允许自己去做一些像艺术家之约这类的事情，并且不用有负罪感。情感成熟不会要求你去放弃孩子般的好奇心、想象力或者创造力，但它确实会要求你去认识到，你的童年已经一去不返了。

即使身为成人，看到包装精美的节日礼物，你仍然可以欢呼雀跃地拆开它；你可以随心所欲地玩乐高；你也可以周六早上边吃麦片边看动画；你可以把天花板刷成紫色，把墙刷成蓝色；你可以在水坑里尽情嬉戏，建造宏伟的毛毯堡垒；玩换装游戏，追赶萤火虫。谁的心里没住着一个喜欢探索和玩耍的小孩呢？

但是——

时间的特性决定了你再也不可能回到童年，继续当一个盼着爸爸回家陪你玩接球游戏的10岁小孩。[8]你再也感受不到5岁的时候对着生日蜡烛许愿时的那种激动，也体会不到十几岁的少年第一次接吻时的紧张。如果你的童年充满了痛苦和磨难，不要想着推倒重来；如果你的童年充满了欢声和笑语，就不必流连忘返。这两种情况都可能导致情绪性退化：

（A）努力保持孩子的状态（如果你的童年很快乐）；

（B）试图重建童年（如果你的童年不太理想）。

本章开头的那位顾客奥利维亚，她被卡住是因为“爸爸的乖乖女”这个信念在她心中根深蒂固。情绪性退化让奥利维亚误以为自己能够得到无条件的爱和关怀，可事实上她却为此付出了高昂的代价。她走向成年的“炼金”过程就是被这种错误信念打断了。在“做一名知性的成年人”的研讨会上，我和心态专家萨莎·海因茨博士（她是本书序言的作者，也是这个星球上我最喜欢的人之一）带着勇敢的学员们披荆斩棘、爬坡过坎，最终走出了情绪性退化。作为一名知性的成年人，你不需要别人当你的救星——你就是自己的救星。[9]

让人想不到的是，扭转情绪性退化的工具，或者说引领我们回家的道路，竟然是“悲伤”。

等等，什么？情绪性退化的解决方案是悲伤？

在鼓吹积极思考的健康世界里，悲伤可不是个好词。除非有亲人去世，否则你不应该感到悲伤。即便是在亲人离世的情况下，别人允许你悲伤的时间也不会太久，他们期望你“继续正常生活”。但是，悲伤是打破情绪性退化魔咒的秘密武器，将你从陈年旧事的枷锁中解救出来，为你打开了通往真实、成熟还有神奇的大门。

那么，该怎么做呢？

为过去悲伤可以让你摆脱重蹈覆辙的冲动。[10]如果你的童年遭受过创伤，悲伤可以帮助你消化创伤；如果你的童年无忧无虑、充满快乐，你依然需要悲伤。为什么？因为悲伤的存在会提醒你的大脑，无条件的爱、信任、善良和天真已经过保质期了。悲伤会告诉你的大脑，“坐享别人细心照料的日子已经结束了，现在轮到你来承担一切了”。在情绪从幼稚走向成熟的过程中，你必须尊重过去，但也必须放下过去。所有意义深远的结局都离不开悲伤。

为过去悲伤可以让你摆脱重蹈覆辙的冲动。

悲伤——带你回家的路

依恋理论之父、精神病学家约翰·鲍尔比写道：“长期缺乏悲伤情绪的成年人，通常比较自负，并且对他们的独立和克己感到骄傲……但那些竭力逃避悲伤情绪的人迟早会崩溃，抑郁就是他们最常见的征兆。”如果你被卡在生活的某个领域中，适度地感受悲伤情绪不失为一种必要且强大的方法。

但现代西方文化真的不擅长解决悲伤的问题。

悲伤会让人不自在，因为它揭示了我们脆弱的一面。权力、地位或者财富，在悲伤面前一文不值。悲伤，总是在不经意间，降临到所有人身上。

在《拥抱悲伤》(*It's OK That You're Not OK*) 中，作家梅根·迪瓦恩(Megan Devine)写道："我们要将'敬畏悲伤'作为一条实践准则铭记于心。敬畏一切损失，无论大小。生命变化无常，时间转瞬即逝。可即便如此，也不要去比较其中的得失。别人经历的痛苦不可能成为你的良药。"你的童年，不管结果是好是坏，都会以悲伤收尾，都值得敬畏。即使你想不起来童年的任何事情，不要紧，重要的是告诉自己：我生命中的童年时光已经结束了。我无法让时光倒流，重新来过。我不再是天真烂漫的小孩子了。我允许自己去体会所有感情，去为所有大大小小的损失感到悲伤。

> 除非你对过去的经历进行消化和处理，否则它们将一直存在。

当我们拒绝接受童年已经结束这个事实时，情绪性退化就会发生。但有时候，即便你接受这个事实，对悲伤的误解也可能会让你畏缩不前。如果心理健康的终极追求是让人直面现实(就像你在第一章中读到的那样)，那么区分有关悲伤的神话和现实至关重要。

有关悲伤的神话vs有关悲伤的现实

神话	现实
“时间治愈一切。”	时间不会治愈一切。当记忆的潮水涌来，即便是发生在2年前、5年前，甚至是20年前的事情，也会将你淹没。伤口需要被治愈才能痊愈，它们不会自然而然地恢复如初。
“你需要做个了结。”	了结不取决于别人，你要自己决定是否应当了结。它是你和自己的事情，不需要考虑别人是否愿意、是否愧疚，甚至是否还活着。
“不要说死者的坏话。”	这个建议来自公元前6世纪斯巴达的哲学家奇伦（Chilon）。[11]时代变了，你可以生死人的气了。
“过去的就让它过去。”	除非你对过去的经历进行消化和处理，否则它们会一直存在，让你背负着每一段过往负重前行。
“你需要通过原谅去治愈。”	原谅是一种美德，但它无法治愈创伤，也无法抚平悲伤。
“你需要放手。”	情景记忆（我们记住的事情）就储存在我们身体里。你不可能“说扔就扔”。你的经历是你生理机能的一部分。
“你无法改变过去”	虽然你无法改变过去的任何事情，但你可以改变大脑对过去记忆的看法。

续表

有关悲伤的神话vs有关悲伤的现实

神话	现实
“他们从来没想过要伤害我，所以我不该难过。”	意图并不能抵消影响。他可能不想伤害你，但仍然让你受伤了。
“悲伤分五个阶段。”	伊丽莎白·库伯勒–罗斯（Elisabeth Kübler-Ross）提出的“悲伤的五个阶段”其实是关于死亡的，而不是悲伤。她的研究对象是命不久矣的病人，而不是失去亲人的人。悲伤就像一团上下翻滚、起伏不定的漩涡，没有任何逻辑可言，所以悲伤没有清晰明了的阶段之分。

上表中的最后一点值得注意：虽然大多数人都学过“悲伤的五个阶段”模型，但悲伤并不会按阶段发生。所谓五个阶段其实是关于死亡的，而不是悲伤。不要再沉迷悲伤的阶段模型了，看看威廉·沃登（William Worden）设计的“悲伤的四项任务”吧。[12]目前，沃登“悲伤的四项任务”模型是心理治疗师、教练和咨询师们采用的黄金标准。为了更好地解决童年的悲伤，我将对沃登的表述加以改动，但在此之前，我们先来看看原表述：

沃登：悲伤的四项任务

1. 接受亲人已逝的现实。

2. 处理悲伤引发的痛苦。

3. 适应没有逝者的世界。

4. 在开启新生活的同时，尝试与逝者建立起持久的联系。

正如爱丽丝·米勒所说：“经验告诉我们，在与精神疾病的较量中，我们唯一可以信赖的永久性武器就是，从情绪上发现并接受我们每个人独一无二的童年。”

你可能没有和精神疾病做过斗争，但我们都知道被卡住的感觉有多么难受。在你与卡住的斗争中，我们的“持久性武器”就是主动接受下面的事实：你的童年（无论多么美好或糟糕）已经一去不返了。只有这样，你才能穿过从童年到成年的桥梁。悲伤的目的不是让你改变过去，也不是让你责怪父母。悲伤不需要原谅，它为的是找到你回家的路。

> 悲伤为的是找到你回家的路。

下面的表格给出了我修改后的“悲伤的四项任务”。请把“日志提示”部分的内容抄写到笔记本上。

悲伤任务	日志提示
1. 接受童年已经结束的事实，发生了的就已不可更改。	写下你童年时经历过的美好和不美好的事情，写下你做过的和没能做的事情。在下面“为童年而悲伤的仪式”那一节，我们会用到这张清单。
2. 主动去感受童年的酸甜苦辣（包括接受童年结束的事实）。	针对任务1中的每项内容，写出你的真实感受，不用害怕刻薄或者伤人。这个练习只有你自己能看到。
3. 在你和朋友、家人之间划出能够体现你价值观的新界线。	如果你已经完成了本章前面的“退化清单”，是时候回头看看了。“如果我觉得自己长大了，有能力了，我会说/做____________。”这就是你现在要着手建立的界线。设定界线可能会改变你和别人的关系，请记住，知性的成年人可以很好地应付别人的失望、沮丧和批评。
4. 你的生活你做主，你的决定要基于你自己的想法、感受和梦想。	把注意力放在成年带来的好处上。小时候你接触不到的人、去不了的地方、得不到的东西，想想看，你现在是不是都能拥有。

大多数人都会卡在任务1上：很难接受童年已经结束的事实。如果接受，那意味着什么呢？意味着你的大脑需要把童年已经结束这个信息登记下来。但问题是，你如何把这条信息传递给大脑呢？一个可行的解决方案是，关注成年所带来的好处。首先，创建一张“DBH清单”，即做什么（Do）、是什么（Be）、拥有什么（Have）。在DBH清单里面写下20件你想做的事、20个你想拥有的东西、20种你想成为的人。另外一个可行的方案是，创建一种仪式。自古以来，各种文化里都存在借助仪式的力量来标记“结束”和“转变”的故事。

如何借助仪式来走出悲伤

我们用毕业派对来标记从高中步入大学的转变，用生日派对来庆祝自己诞生的日子。二八派对[13]、婚礼、洗礼和受诫礼（bar mitzvahs），各种仪式在我们的生活中无处不在。西方的仪式多具有极强的感染力，且重视仪式本身所代表的深远意义，但在标志转变和纪念结束方面没有什么太大的作用。为什么？当过渡仪式对父母和派对的关注超过仪式本身的目的时，我们就容易舍本逐末，继而被卡住。人种学研究（研究人们如何生活）认为，过渡仪式由三个阶段组成：分离（separation）、阈限（liminality）和整合（incorporation）。

分离阶段

在这个阶段你脱离了目前的实际情况，此处指的是，你脱离了童年。你可以保留童年的各种记忆，但是在分离阶段，你必须从童年中抽身而出，并且清楚地知道你留下了什么（童年的信念）。

阈限阶段

这是一个不确定的中间阶段，你已经离开了原来的老地方，但是还没有完全抵达你想去的新地方。如果你感到自己被卡住了，那你很可能就处于这一阶段中。悲伤可以帮助你从阈限阶段过渡到整合阶段。

整合阶段

经历过分离和阈限两个阶段后，你现在可以开启人生的新篇章了——情绪性成熟。

由于大多数现代仪式都不包括这三个阶段，因而你需要创造属于自己的仪式。伊丽莎白·吉尔伯特（Elizabeth Gilbert）在《美食，祈祷，恋爱》（*Eat, Pray, Love*）中写道：

这就是仪式的目的。我们人类之所以举行精神上的仪式，是为了给诸如喜悦、创伤等复杂的情感寻觅一个安息之地，从此，我们就不必背负着这些沉重的感情包袱前行……我始终相信，如果你所处的文化里或者传统里没有你渴望的特定仪式，你绝对可以创造一个属于自己的仪式。

研究表明，为自己创造仪式是治疗受伤心灵的良药。[14]

如果你对如何创造仪式感到迷惑和不安，下面的例子都可供你参考。每个仪式都包括一个感官要素。还记得第三章是怎么说的吗？感官要素是感到安全的关键，而安全感则是摆脱卡定状态的先决条件。无论你选择什么仪式，都要提醒自己，悲伤（和治愈）的过程蕴含着无限的可能。悲伤并不是错的。如果你不想做，那就不做。你的仪式越个性化，你的大脑就越能锁定任务1中的信息。请记住，这些练习不是为了哀悼逝去的亲人，而是为童年的结束而悲伤，或者为你不曾拥有过的童年而悲伤。

为童年而悲伤的仪式

1. 感官训练——土：将代表童年的某个物件埋进土里。写一篇悼词，或者朗读上文任务1日志提示中的清单，进行告别。你可以独自朗读，也可以邀请一位心怀慈悲的见证者。

2. **感官训练——水：**洗个盐浴，或者去某个河流、湖泊、大海，在广阔的水域面前，向你的童年告别。想象你所失去的都消失在波涛中，或是随着水流漂走了，等等。

3. **感官训练——火：**为你的童年点上一根蜡烛，大声地朗读或者在脑海中默读任务1中的清单。当你吹灭蜡烛时，就仿佛跟那段时光说了再见。

4. **感官训练——气：**[15]拿一瓶泡泡水，当你吹出泡泡时，把它们想象成你的童年，把泡泡的破碎消失当作你与童年的告别。

5. **感官训练——摸：**在你经常路过的地方放几个童年的纪念品，窗台的角落、书架，甚至汽车的杂物箱都行。

刚开始时，有人会对是否该采纳涵盖土、水、火和气等元素的建议犹豫不决（“这有点太神神道道了！”）。但当他们得知，这些感官训练是有科学依据的时候，都大吃一惊。感官上的刺激有助于理性思维的回归，让你的情绪恢复至正常的大小。当你可以保持头脑清醒时，情绪性退化就会停止。[16]但是请记住，仪式不是一蹴而就的。换句话说，悲伤不会随着仪式的结束而自然终止。仪式的目的是帮助大脑接受失去的现实，从而让大脑指挥我们继续前行。失去是痛苦的，被卡住也是痛苦的，但改变带来的痛苦远远好于故步自封。畅销书作家、心理治疗师洛里·戈特利布（Lori Gottlieb）写道："没有经历失去，就不可能发生改变，这就是为什么人们经常说想要改变，但却依然原地踏步。"

总结

你必须牢记童年已经结束。如果你能做到，那就成功了。你已经经历了婴儿、幼儿、童年还有青少年时期，你都幸运地活了下来，单凭这点，就值得你炫耀一阵了。把自己修炼成一个功能健全的成年人并不容易。爱丽丝找到了自己的方法，通过了国王、王后、兔子和疯帽子设下的重重考验——相信你也可以。当你的情感成功地从幼稚走向成熟后，你再也不会把小事搞大、把大事搞砸，你那无所不能的父母也会重新变回普通人。在《爱丽丝梦游仙境》的结尾，女主角爱丽丝直面恐惧，成功逃离了仙境，回到家中。最后有一幕，她被送上了审判台，四周全是居心叵测的敌人。一切看似毫无希望，但爱丽丝找回了自我，对邪恶的红心皇后大胆说出："谁在乎你？（此时她的身体已经恢复为之前的大小）你们只不过是一副纸牌罢了！"

重点精华

1. 情绪性退化指你觉得自己的心理年龄比实际年龄小。

2. 情绪性退化的迹象包括：优柔寡断、讨好型人格、情绪化、冒名顶替综合征。

3. 假期是情绪性退化的高发时期。

4. 问问你自己：“现在年龄多大了？”这可以有效阻止退化。

5. 情感成熟的成年人仍然可以玩耍，保持创造力和童心。

6. 情绪性退化的解决方案是悲伤。

7. 对过去感到悲伤可以让你摆脱重蹈覆辙的冲动。

8. 悲伤不会分阶段发生。

9. 我们在西方文化中学到的有关悲伤的大部分内容都是错的。

10. 为童年而悲伤的四项任务：接受童年已经结束的事实；主动去感受童年的酸甜苦辣；建立与朋友/家人的新界线；你的生活由你做主，你的决定要基于你自己的想法、感觉和梦想。

行为准则

做	别做
给自己一些时间从悲伤中走出来。时间并不能治愈伤口，治愈的关键在于治愈本身。不要在乎时间。	把悲伤当成一件你要去解决的事情，做完就完了。 悲伤就像大海，有时候风平浪静，万里无波；有时候巨浪滔天，会把你拍在沙滩上，灌你一嘴的海草。
利用仪式帮助大脑认识到童年已经结束。	你觉得做任何事都需要一种特定的方式。 做对你有意义的仪式。悲伤没有特定的方式。
记住，没有经历失去，就不可能收获改变。	因为害怕承受改变带来的痛苦而批评自己。 改变是痛苦的，因为没有失去，就不会有改变。
仔细想想那些能让你感觉到自己是个成年人的人、地点和事件。当你有所触动的时候（尤其是在假期里），要及时提醒自己。	在开始度假前像个小孩子一样。

5分钟挑战

日志提示

1. 作为一个小孩，我最怀念的是______________________________。

2. 作为一个小孩，我不会怀念的是______________________________。

3. 我担心如果承认童年已经结束，这就意味着______________________________。

4. 作为一名知性的成年人，我期待的事情之一是______________________________。

5. 如果我觉得自己更成熟了/情绪上更强大了，我会让自己______________________________。

1 “成年人的退化……指在压力的情况下，成年人的情绪、社交或行为会退化到早期发展阶段。”赫敏·N.洛科（Hermioni N. Lokko）和西奥多·A.斯特恩（Theodore A. Stern），《退化：诊断、评估和管理》（*Regression: Diagnosis, Evaluation, and Management*），《中枢神经系统疾病的初级治疗》（*The Primary Care Companion for CNS Disorders*），第3卷，2015年，第17期:10.4088/PCC.14f01761。

2 超级糟糕的委员会（itty-bitty shitty committee），这个术语的来源无法考证，但是它在康复圈非常流行，指大脑中让你感到害怕的那些批判声音。

3 虽然本章引用的几个节假日都是特殊的美国节日，但就节日的意义而言，住在任何地区、信仰任何宗教或不信仰宗教的人都能感同身受。

4 如果你有难以启齿的“卫生小秘密”，没关系，很多“功能健全”的成年人也是连刷牙、剔牙或者洗澡都成问题。

5 免责声明：“思想改变人生”（Change your thoughts, change your life）要想成立，需要以下三个前提条件。第一，你的安全有保障；第二，你不受种族主义的影响；第三，你能获得相应的资源。这条准则并不适用于每个人。如果在某些领域，你没有任何权力去改变，那就专注于你能改变的领域。

6 不是每个孩子都能体会到这些信念，甚至有些方面，我和书前的你也可能体会不到。童年的创伤会让我们不敢相信天真、善良以及无条件的爱与信任。如果在成长的过程中，你的童真被剥夺了，就请跳到下一节。

7 如果没有朱莉娅·卡梅隆《唤醒创作力》中的“艺术家之约”，我很可能依然从事着令我厌恶的工作，无法摆脱那段正在摧残我的恋情，甚至沉溺于各种化学物质和迷惑行为中无法自拔。书中提到的方法和观念改变了我的生活，因此我向你强烈推荐这本书。

8 如果你相信轮回，那么你确实可能会再经历童年时期。但这次会与之前的童年大不相同。要知道，轮回并不是摆脱此生苦痛的“免死金牌”。

9 做自己的救星并不意味着你不需要别人，毕竟我们都生活在一个相互联系的社会里。寻求“帮助”和寻求“救援”是有区别的。

10 “强迫性重复”（repetition compulsion）这一概念由弗洛伊德提出，由创伤研究专家范德考克博士普及和进一步发展。

11 有趣的事实：奇伦的建议后来成为了一句广为流传的拉丁语谚语：对于死者我们一定要隐恶扬善。（*De mortuis nihil nisi bonum.*）

12 “悲伤的四项任务”来自威廉·沃登的《悲伤心理咨询与治疗：心理健康从业者手册》（*Grief Counseling and Grief Therapy: A Handbook for the Mental Health Practitioner*）。

13 对美国女孩来说，16岁意义非凡，为此很多家庭会举行庆祝派对。——译者注

14 在接受美国心理学会的金姆·米尔斯（Kim Mills）采访时，哈佛商学院工商管理系的荣誉教授哈罗德·M.布莱尔利（Harold M. Brierley）和迈克尔·I.诺顿（Michael I.Norton）博士说：“好消息是，我们在研究中发现，即使是那些我们为自己创造的私人仪式，也有助于减少悲伤情绪，让我们从容以对。”“近期研究表明，仪式的作用可能比我们想象的还要大。为什么？因为即使是简单的仪式也会产生极好的效果……更重要的是，仪式让那些不怎么相信它们的人也从中受益……最近，心理学家的一系列调查发现了很多有趣的新结果。研究表明，仪式对人们的思想、感受和行为有因果影响。”弗朗西丝卡·吉诺（Francesca Gino）和迈克尔·I.诺顿，《为什么仪式有效》（*Why Rituals Work*），2013年5月14日发表在《科学美国人》（*Scientific American*）上。

15 很多人的悲伤仪式选择放气球或者纸灯，这会危害环境。

16 “保持头脑清醒”是戒瘾圈流传的一句口头禅。

第十章

一起玩吧

人生如同一盘棋局，想赢就得做出行动。

——艾伦·鲁弗斯（Allan Rufus）《圣人之识》（*The Master's Sacred knowledge*）

2020年秋，电视剧《后翼弃兵》(*The Queen's Gambit*)在网飞(Netflix)平台上线了，该剧一经播出便火遍了大半个地球，迅速登上了63个国家的影视排行榜。《后翼弃兵》改编自沃尔特·特维斯(Walter Tevis)的同名小说，讲述了神童贝丝·哈蒙(Beth Harmon)如何从一个嗑药上瘾的孤儿一路逆袭成为国际象棋冠军的故事。这部时长7小时的迷你剧，围绕一位命运多舛却顽强抗争的国际象棋天才展开，赢得了数百万观众的青睐。不得不说，女主贝丝敏锐的大脑、华丽的服饰、犀利的目光的确为这部剧增色不少。更出乎意料的是，国际象棋也跟着火了一把。《纽约时报》的一篇文章介绍道："在《后翼弃兵》首映后的几周……国际象棋的销量增长了125%。"

棋盘的方寸之间尽显诱人魅力。或许是因为国际象棋源远流长，毕竟其历史可以追溯到1500多年以前；或许是因为国际象棋博大精深，毕竟它学起来容易，精通难；或许是因为车(castles)、马(knights)、王(kings)、后(queens)等棋子的背后蕴藏着史诗级的浪漫故事；又或许是因为棋局是人生的完美隐喻，所以人们才在64个格子组成的方寸之间流连忘返。人生如棋，棋如人生，二者都是复杂与未知的存在，二者都需要取舍与牺牲。虽然你可以信马由缰，但结果往往不尽如人意。无论是棋局之上，抑或生活之中，只要持之以恒，就连一个不起眼的“兵”也能成为势不可当的“后”。但有时，我们不免都会陷入“楚茨文克”(Zugzwang)[1]的不利局面。这是国际象棋中的一个术语，指无论你如何走，最终都会让局面雪上加霜。纵观历史，许多思想领袖、科学家和作家都将人生比作一盘棋。本杰明·富兰克林(Benjamin Franklin)曾言：“下棋不仅仅是一种消遣。人生难能可贵的一些优秀品质都来自棋盘，或者因棋盘而得以强化……人生如棋，不会没有输赢；人生如棋，不能没有对手或敌人。”

你或许会想，“哦，说得不错，但我不是一个棋手啊”。但若是从使用工具的角度而言，即便你对下棋一窍不通，也不妨碍你从中获益。本章会为你提供切实可行的计划，帮助你将书中的概念和想法付诸实践，彻底解除卡定状态！若没有循序渐进的计划，很容易导致动力不足而止于中途，因为只要一着不慎，全部的努力都将付诸东流。在此，我将国际象棋作为一种隐喻(你无须了解实际的游戏规则)，旨在帮助你快速掌握解除卡定的七条规则。你不必按照先后顺序践行这些规则，只要你觉得对自己有用，怎么做都行。

卡住的方格——七条规则

◉**规则1：**排兵布阵。

◉**规则2：**寻求简单走法。

◉**规则3：**一步三算。

◉**规则4：**动静有法，动而若静。

◉**规则5：**专注做一件事。

◉**规则6：**倾听反馈。

◉**规则7：**庆祝。

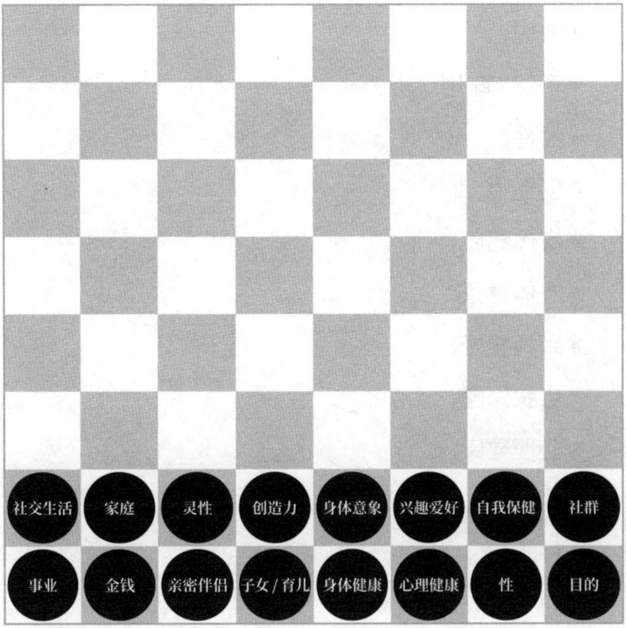

规则1：排兵布阵

棋盘上有兵、马、象、车、后、王。你无须记住纷繁复杂的下棋规则，只需要知道，棋盘上的每个棋子都代表生活中的某一方面：

- 事业；
- 金钱；
- 社交生活；
- 亲密伴侣；
- 家庭；
- 子女/育儿；
- 灵性；
- 创造力；
- 身体健康；
- 身体意象；
- 兴趣爱好；
- 自我保健；
- 心理健康；
- 性；
- 目的；

◉社群。

确定对你而言有意义的那些棋子，当然你也可以根据自己的情况替换任何你想要的类别。当你感觉被卡住的时候，更容易专注于做一件事。而排兵布阵有助于你总揽全局。

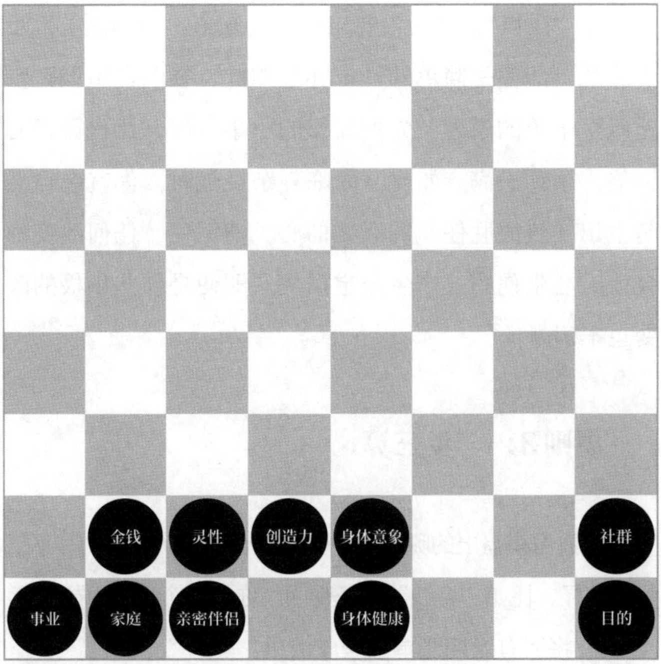

规则2：寻求简单走法

当你境况窘迫、资源不足时，强行作战既无必要，也无帮助。遇到这种情况，不妨试试简单的走法，先让这些棋子动起来。无须按照特定的顺序，也能解除卡定状态。你可能在工作中步履维艰，却在人际关系中如鱼得水；你可能经济拮据，但在创意方面颇有潜力。只要你还在“出棋”，你就没有出局。要知道，棋局之上，步步惊心，即使是简单的一步亦是如此。要明白不积跬步无以至千里的道理，先把简单的小事做好，让自己信心百倍、干劲满满。如此，面临复杂挑战时，你就会自然萌生出“我能胜任”的巨大信心。请记住，任何改变都会让人心生伤感、产生一定损失，即使是那些积极的改变也不例外。[2]

规则3：一步三算

先看看棋盘上的哪个棋子像是被卡住了。然后，写下三个小选择。比如“金钱”棋子受困，你的三个选择可能是：

1. 将所有逾期账单整理成清单。
2. 写下每张逾期账单的客服电话。

3. 致电其中一位收账员，然后制订一项还款计划。

如果“灵性”棋子被卡住了，你的三个选择可能是：

1. 找一个以灵性为主题的播客听一听。

2. 找到那个你一直仰慕的朋友，问问他/她是如何进行习练的。

3. 参加一次心灵之旅（即便你感觉旅程不适合你，它也能让你了解自己的心之所向与心之所恶，让下一个选择变得更适合你）。

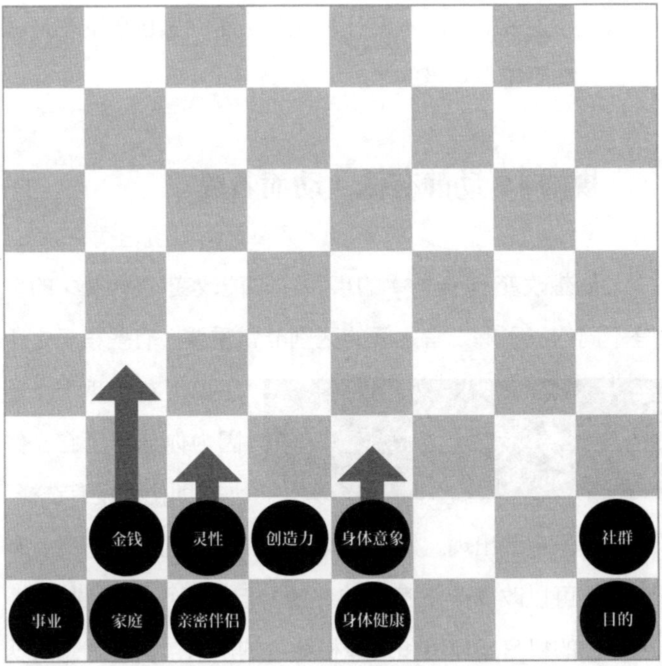

如果“身体意象”棋子被卡住了，你的三个选择可能是：

1. 与其一味地积极向上，不如让身体保持“中立”。想想身体中哪里能让你感到中立，至少也要找到一个部位。然后，谢谢它为保持中立所做的贡献。

2. 一周不照镜子（另一个好方法是，每次看见镜子里的那个人就对他/她大喊大叫一番）。

3. 将所有不合身的衣服打包进箱子里，然后将箱子放入地下室或阁楼。没有什么比每天都穿紧巴巴的牛仔裤更让人感到羞愧难当的了。

规则4：动静有法，动而若静

你想改变（但无法改变）的事和你不能改变（但可以改变）的事是不同的，了解二者之间的区别非常重要。有些棋子之所以出现在棋盘上，是因为你选择了它。偶尔，即便你没有选择，某些棋子也会出现，如产后抑郁症和系统性种族主义。有时，你可以改变一下身处的环境，但你不可能回回如此，因为你的棋盘是环境和选择相结合的产物，也不是想改就

> 你唯一能控制的人只有你自己。

能改的。记住，观棋不语真君子。尽管你希望配偶少喝点酒，但你无法强迫他们做出改变；尽管你希望孩子广交益友，但你不能替他们选择朋友。诚然，你的决定可以影响所爱之人，但影响和控制可不是一回事。你唯一能控制的人只有你自己。

规则5：专注做一件事

牛顿第一运动定律表明，除非受到外力作用，否则静止的物体将保持静止，运动的物体将保持运动。同样的物理原理也适用于卡定状态的你。一旦你开始行动，你的进度条就会迅速向前。请从你在规则3中列好的3项任务清单中选择1项，并承诺将在下周内完成。每晚睡觉前，提前把1项待办事项写在一张便利贴或纸上。第二天一睁眼就会看到它。

但等一下……如果我一周只做一件事，究竟何时才能实现我的心之所向呢？

做，总比不做要好。玛莎·贝克（Martha Beck）将这些微小的改变称为“龟步”（turtle steps）。她说：“我至少能做到的是，‘龟速前进’，化整为零。这也是我取得任何成就的唯一途径。”如果小事也会让你感到有很大压力，不要怕，贝克说了，把小事进一步分解直至更小。我记得，一次毛骨悚然的狂欢后，我打了一通电话，电话那头是引导我们进行“十二步疗法项目”的组织者。我当时已经连续几天几夜没吃东西、没合眼，也没洗澡了。然而在近一个小时的通话中，我却听到她一勺又一勺不停地往嘴里送着酸奶。所有那些鼓励你迈出第一步、专注于每一天、做好下一件事的言论都是一些陈词滥调。[3]但不可否认，它们的存在肯定有其原因。在艾梅·卡特（Aimée Carter）的反乌托邦

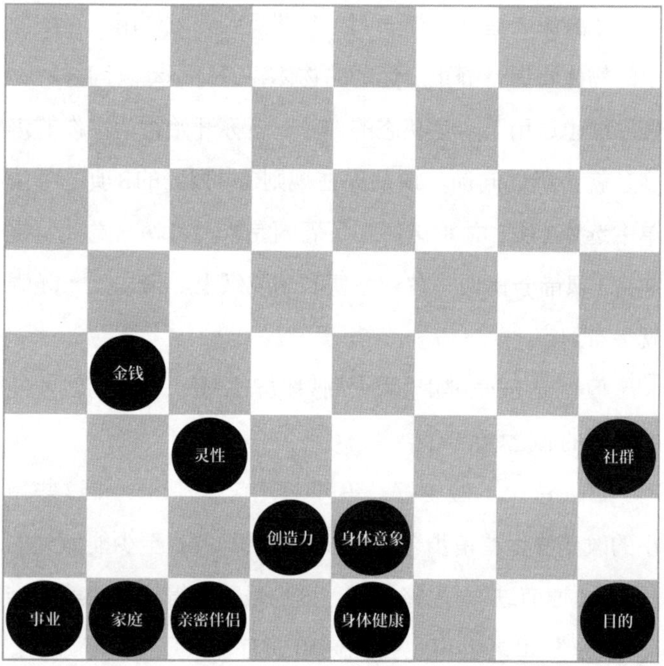

式青少年小说《无名小卒》(Pawn)中，一个角色向我们展示了，即使是最不起眼的棋子也蕴含着巨大的潜力。“因为你的小兵们在不断前进……所以它们将成为棋盘上最强大的棋子。永远不要忘记这一点，好吗？永远不要忘记，哪怕是一个孤兵也有扭转乾坤的潜质。”

规则6：倾听反馈

当你迈出第一步的那一刻，即使你感觉自己迈错了方向，你也脱离了卡定的状态。想想车里的GPS定位系统，在驻车状态下，GPS是不会向你发出指令的。毕竟GPS只有在你驾驶后才会开启。GPS的妙处在于，你一走错道，就会立即收到反馈。如果前方有路障，GPS会重新规划路线。如果前方堵车，GPS可以指引你从小路绕行。哪怕是拐错弯、错过出口，你也不会像以前的司机那样，紧张得手心出汗、惴惴不安了。毕竟现在已经不是只能通过MapQuest（地图网站）提前打印好路径，或者向加油站员工问路的年代了。[4]

有时，只有出错后（并从中吸取教训），才能渐渐知道，什么才是对的。采取行动（任何行动）的时候，都要重视你所得到的反馈，并在必要时及时进行调整，这相当重要。通常而言，被卡住是由于忽略反馈所致，尤其是对于处于成年早期阶段（通常指20至40岁的发展阶段）的人而言。喜剧演员泰勒·汤姆林森（Taylor Tomlinson）开玩笑道：“我真受够了20多岁的年纪，毫无判断力，直觉也不准……你不会有神秘的、不好的感觉。‘嘿，也许你不该跟那个打碟师谈恋爱，犯傻一次就够了。’从决定中吸取教训和做出决定一样重要。”

规则7：庆祝

有时，你其实并没有真正被卡住。你之所以感觉像是被卡住了，原因可能在于，你不允许自己庆祝你所取得的那些小成就，更别说认可了。这听起来就像：

◉“嗯，是啊，这周的一日三餐都是我亲手做的，我压根儿就没吃垃圾食品。但我怎么还那么胖啊，一点都没瘦。”

◉“嗯，是啊，我还了几笔信用卡账单。可是我还有很多债务。”

◉“嗯，是啊，我晨练了。但好像算不上是真正的锻炼。”

◉“嗯，是啊，我拿到奖金了。但一直梦寐以求的提拔，并没有我的份儿。”

有一次，我在洗好衣服的当天就把衣服整整齐齐地收纳起来了。为此，我乐不可支。我仍记得丈夫第一次看到这一幕时的表情。我十分理解他的困惑。毕竟，他是一名核工程师，还曾经担任过军官，他不会明白我何以会为生活中这样一件稀松平常的小事乐成这个样子。但如果你曾跟抑郁症作过斗争，你就知道，在24小时内成功地将衣服从洗衣机转移到烘干机，最后再放进衣橱简直堪称一场重大胜利。这绝对值得从DoorDash（美国外卖巨头）上点个美味的甜甜圈来庆祝一番。

引用圣方济各（Saint Francis of Assisi）的话："做必要之事，行可能之事，蓦然间成就不可能之事。"同样重要的是，当你做了必要之事时，庆祝一番；当你行了可能之事时，再庆祝一番；当你开始做不可能之事时，好好庆祝一番。

"但如果一切都出了问题，我没有什么可值得庆祝的呢？"

我能理解。当一切暗淡无光、令人沮丧时，我们很难从中感受到快乐。身处艰难时期时，庆祝不同于积极向上或感恩戴德。当事情变得棘手时，你无须强装幸福。你会变得疯疯癫癫、愁眉苦脸、惶恐不安、寂寥孤单、疲惫不堪、捶胸顿足、不知所措。但你要知道，大大小小的胜利都值得尊重。你可以庆祝翻身起床，即使你只是从床上挪到了沙发上。你可以庆祝吃早餐，尤其当你想禁食的时候。你所走出的每一步都值得庆祝。请放心，这是有神经科学依据的。[5]

庆祝不是草率地消耗你的时间和精力。庆祝能够强有力地影响你的生理机能。庆祝活动包括听音乐、食物、唱歌、叫喊、跳舞/跳跃，所有这些都与躯体相关。正如第三章所说，对身体进行干预可以减少应激反应的发生，有助于保持逻辑、理性的思维模式。[6]庆祝会对你内心的保安说："放心，我们又不是遇见了老虎，请不要刺激我们的HPA轴了。"[7]如果你不确定该如何为小事庆祝，看看以下选项：

◉允许自己吃最喜欢的甜点。

◉允许自己不做今天应该做的家务。

◉购买或收集一些能够抓你眼球的东西（无须太昂贵，可以是古董店里价值1美元的小物件，也可以是路边一片有趣的叶子），给它裹上漂亮的包装纸，再给自己写一张卡片，就写"今天你没有放弃，你可真棒呀"。

◉把你那些精致的茶碗器皿都拿出来，今天就用，一直到明天、后天……

◉点燃你一直没舍得用的香薰蜡烛。

◉把庆祝节日的装饰品摆出来，好好享受一番——即使是在平平无奇的5月中旬。

◉ 今天就做你在特殊场合才做的事。

这些听起来很傻、很矫情是吧？就像《周六夜现场》(*Saturday Night Live*) 中盲目自我赞赏的斯图尔特·斯莫利 (Stuart Smalley)[8]一样。那么，不妨想想另一种选择——总是自己责备自己又有什么用呢？是能让你朝着目标迈进呢，还是更加偏离目标？佩玛·丘卓说："为平凡之事喜不自胜不是多愁善感或庸俗的表现，这是需要胆量的。每当我们放下抱怨，让日常好运来激励我们时，我们便进入了勇士的世界。"[9]传奇科幻小说作家雷·布拉德伯里 (Ray Bradbury) 写道："即使你不想，也要迈出去，每迈一步……可能有受伤之险，丧命之忧，甚或就这么一命呜呼了，但那也总比不尝试要好。凡是先行，则无往而不胜。如果一个棋手花上一辈子去思考下一步该怎么走，那他指定是赢不了的。"

最后的一些想法

20世纪20年代，世界国际象棋冠军何塞·劳尔·卡帕布兰卡-格劳贝拉 (José Raúl Capablancay Graupera) 曾写道："单凭书本知识不能成就一个棋手。书本充其量是一个向导，其余的要从实践中不断摸索、学习。"不要等到万事俱备再采取行动，你需要的并非周全的准备，而是行动的意愿。诚但你是无敌至尊、坚不可摧的啊！

然，从卡定状态中解脱出来会让你感到不适。一定要坚持住啊。在治愈创伤中，我们经常说“另一种坏就是好”(A different kind of bad is good)。坏的其他形式意味着改变，虽然改变有时会让人崩溃，但你是如此的坚不可摧。每个人的内心都有一个隐藏的角落，那里没有创伤之扰，没有伤痛之痕，更不会被卡住。爱丽丝·米勒写道：“事实上，人的灵魂是不可摧毁的，所以只要一息尚存，灵魂就有涅槃重生的希望。”

你无须为了活出心花怒放的人生，而将接下来10年的大好时光付诸自我心理分析。你也无须为了解除卡定，花上几个小时大谈特谈童年的种种不幸。治疗师（或者你自己）是研究心灵的考古学家，其工作就是将亘古有之的关系从深渊中挖掘出来，让它们重见天日。其乐趣在于研究心灵文物，并发现隐藏在背后的故事。然而，若是认为所有东西都需要深入挖掘一番，你很快就会碰一鼻子灰。不需要这样，其实，适应症状(symptom accommodation)也不失为治愈创伤的替代良方。适应症状可能表现为药物治疗、远离触发因素，或者使用一些应对技巧。有时，出于子女、经济、环境、资源、安全或时间原因，深入挖掘如同水中捞月。如果你不想知道事情的前因后果，那么你大可不必深入挖掘。你只需要记住：即使你不知道某个症状的起源，也不意味着就没法解释它的存在。

所有关乎心理健康的病征都是需求未被满足的表现——你既不懒惰，也没有疯掉，更不缺乏动力。解除卡定状态不需要你从悬崖边纵身跃下。你可以先迈出一小步，看看事情的进展，然后继续前进。当然，途中的每一步都值得庆祝。荣格学派的精神分析师、诗人克拉丽莎·平可拉·埃斯蒂斯（Clarissa Pinkola Estés）博士写道："我希望你能走出去，让故事发生在你的身上，那就是你的生活，这样你就能编写故事……用你的快乐与哀愁浇灌它们，直到它们如花蕊绽放，直到你自己如鲜花盛开。"

这是你的人生、你的棋盘。

一起来玩吧！

1 Zugzwang是一个德语单词，基本意思是："轮到你走棋了，但最好的走法就是不走，因为无论你怎么走都会陷自己于不利局面！"由于国际象棋中没有"放弃行棋"（pass）或"跳棋"（skip a move）一说，所以有时必须强行走棋，输掉游戏！

2 详情参见第九章，了解处理悲伤的过程。

3 "做好下一件事"（Do the next right thing），既是匿名戒酒协会的口头禅之一，也是克里斯汀·贝尔（Kristen Bell）为电影《冰雪奇缘2》（*Frozen 2*）献唱的一首歌曲。该短语最早可追溯至埃莉诺·阿默曼·苏特芬（Eleanor Amerman Sutphen）1897年出版的书，名为《做下一件事》（*Ye Nexte Thynge*）。

4 如果你也经历过没有GPS的时代，不知道到底要走哪条路，然后坐在马路牙子上歇斯底里，我太懂你了！

5 作家、首席执行官、组织人类学家朱迪斯·E.格拉泽（Judith E. Glaser）写道："研究人员发现……在庆祝时，基底神经系统会被触发，从而释放出神经递质多巴胺。该化学物质通过与前额叶皮层的大脑区域交流，使人们能够专注于重要任务，忽略那些会分散注意力的信息，并在解决问题时只更新工作记忆中最相关的任务信息。”

6 有关应激反应的更多内容，详见第三章。此处对这些观点进行了简化处理。

7 HPA轴指下丘脑—垂体—肾上腺轴。“虽然下丘脑轴的正常运作有利于应对压力，但当下丘脑轴接受到的刺激过多时（例如，一些人每天都面临极端压力），身心健康就会出现问题。”

8 斯图尔特·斯莫利是《周六夜现场》中的一个人物，他经常给自己打鸡血道：“我很棒，我很聪明，大家都喜欢我！”

9 来自佩玛·丘卓的《转逆境为喜悦：与恐惧共处的智慧》（*The Places that Scare You: A Guide to Fearlessness in Difficult Times*）一书。该书还提到：“勇士会欣然承受未知。对于那些不可控的因素，我们当然可以通过寻找安全应对策略和推断其可能的发展趋势来尝试加以控制，总希望以此就可保自己舒服安逸、高枕无忧。但事实是，不确定性如影随形，远非我们想躲就能躲开的。这种未知是冒险的一部分，也是让我们感到害怕的原因。”

致谢

我曾一度陷入疯狂，我所知道的一切连同我的生活都曾被彻底湮灭，后来的我随波逐流，被冲到了一个新世界的海滩上。我要感谢上苍，感谢你在我迷失航向时予我以指引，在我丧失认知时予我以洞见，在我迷路时予我以慈悲——当然，还要感谢你对我深入骨髓的爱。我万分感谢科学家、医生和研究人员们的辛勤付出，你们的真知灼见在本书的字里行间闪耀。同样，我也要感谢曾经给予我谆谆教诲的老师们，在你们的帮助下，我才得以一窥心理治疗世界的五彩斑斓，领略其中蕴含的艺术与科学。特别感谢理查德·C.施瓦茨创造的内部家庭系统治疗模型，以及朱莉娅·卡梅隆的著作《艺术家之路》。我于2007年拜读了他们两位的著作后，人生轨迹发生了极大转变。

倘若没有以下超凡脱俗的天才，本书就不会呈现在你的眼前。我想，普通的感谢和感激已经不足以表达我对我的经纪人雷切尔·贝克（Rachel Beck）和丽莎·道森出版机构（Liza Dawson Associates）的真情谢意了。是雷切尔，解救我的选题于危难，并献计献策、倾囊相授，本书才得以付梓。谢谢你，图书界当之无愧的超级英雄！

我将永远感恩玛丽安·莉兹（Marian Lizzi），感谢你对这个项目的信任，也一并感谢她的编辑助理雷切尔·阿约特（Rachel Ayotte）和企鹅出版集团（TarcherPerigee）负责本书出版的团队，你们鼎力相助并陪我见证了这本书从无到有的全部历程。谢谢你们让我梦想成真。

感谢我的女王团队。是你们倾尽全力、建言献策，帮助我编辑校对，鼓励我勇往直前，不厌其烦地阅读手稿、查缺补漏——梅雷迪斯·阿特伍德、詹·贝里（Jenn Berry）、帕姆·布雷基（Pam Breakey）、朱莉·布鲁克斯（Julie Brooks）、凯莉·芬克（Kelly Funk）、拉特雷斯·卡布亚（Latrese Kabuya）、凯莉·麦克丹尼尔（Kelly McDaniel）、简·萨克斯顿–博耶（Jan Saxton-Boyer），谢谢你们。衷心地感谢我亲爱的好友、伙伴、创伤治疗师克莉丝朵·兰皮特（Crystle Lampitt），感谢你对本书初稿逐字逐句的阅读，并在我灰心丧气、心灰意冷时及时为我指点迷津。超级感谢我的朋友兼同事内特·波斯尔思韦特、瓦妮莎·康奈尔、克里斯汀·阿舍–柯克、米歇尔·罗宾博士，感谢你们允许我在本书中引用你们说过的话。特别感谢凯瑟琳·麦考米克，感谢你在阴影和运动方面所做的卓越贡献。

感谢我的心灵知己伊莉丝·里德（Elise Reid），是你为本书提供了国际象棋的插图，为我节省了11小时。我在处于早期康复阶段时，穷困潦倒，买不起食物和香烟，是你解囊相助。

非常感谢才艺双全的萨拉·蓓姬（Sara Page），将我画在纸巾上的那些拙劣草图打造成精美的卡通插画以及图表。感谢你为我的网站（包括创建网站）、社交媒体，办公室原创的作品，以及你为我的儿童治疗办公室墙上绘制的那幅魔法树壁画。感谢你在我遭遇商业挑战和生活危机时，陪我并肩作战，艰难熬过无数个日日夜夜。没有高质量的友谊，公主不会成长为女王，而萨拉，你是世界级好朋友。

感谢我的治疗师和导师们，是你们将我从地上拽了起来，带我迈向新的生活——坎迪·史密斯（Candy Smith）、劳拉·肖妮斯（Laura Shaughnessy）、特蕾西·比克尔（Tracey Bickle）；罗伯特·法尔康纳（Robert Falconer），谢谢你们非但没有嫌弃我的内心不够充盈，还不吝你们的睿智之辞循循善诱、因势利导。安德烈·德康宁（Andre de Konig），感谢你，你就像荣格一般，帮助我掌舵于潜意识之海。感谢简·克拉普（Jane Clapp），不仅对躯体、心理和心灵方面洞若观火，还在那天，我对着满屋子的高知女性演讲时，忙前忙后给予我无限支持（详见第六章）。非常感谢简·弗里德曼（Jane Friedman）在本书出版过程中给予的热忱指导。感谢我的空中瑜伽教练埃琳娜·谢尔曼（Elena Sherman），谢谢你帮助我摆脱思想的束缚，让我可以更好地关注自己的身体，你时刻提醒我，生活中不必直来直去，但做瑜伽时必须把腿伸直。也感谢我亲爱的塞巴斯蒂安（Sebastian），谢谢你在我悲伤失落、愁肠百结之际，体恤入微地伴我左右，直至你也蹚过暗河，站在彩虹之巅。

感谢我的所有客户，无论是过去的、现在的，还是将来的，感谢你们信任我，允许我担当你们人生在世时的向导。深深地感谢我的闺蜜萨莎·海因茨博士，你冰雪聪明、才华出众，何其有幸与你成为朋友，感谢你为本书贡献前言——你的出现，如拨云见雾，生活顿时妙不可言，工作再也不乏创意和灵感！

最后，我要感谢我的丈夫迈克尔（Michael）。你是我认识的所有人之中，最善于掌控情绪的人。谢谢你，成为我最忠实的粉丝和最大的批评者。谢谢你那理性的大脑，正是它的鞭策，我才能澄沙汰砾、去芜存菁、妙笔生花。谢谢你深爱我又为我留有空间；谢谢你，奥斯卡最好的狗狗奶爸；谢谢你时刻提醒我生活不仅是眼前的苟且，还有诗和远方；谢谢你与我一起携手，共同打造魅力生活。我爱你，迈克尔。

图书在版编目（CIP）数据

卡住的艺术 /（美）布里特·弗兰克著 ；于翠红，贾广民译. -- 杭州 ：浙江教育出版社，2025. 1.

ISBN 978-7-5722-8812-8

Ⅰ. B821-49

中国国家版本馆CIP数据核字第20247NU218号

引进版图书合同登记号 浙江省版权局图字：11-2023-311

卡住的艺术

QIAZHU DE YISHU

[美]布里特·弗兰克 著 于翠红 贾广民 译

总策划 李娟　执行策划 王超群

责任编辑 王晨儿　文字编辑 骆珈

美术编辑 韩波　责任校对 傅美贤

责任印务 曹雨辰

出版发行 浙江教育出版社（杭州市环城北路177号）

印刷 北京盛通印刷股份有限公司

开本 787mm×1092mm 1/32

印张 10.5

字数 185 600

版次 2025年1月第1版

印次 2025年1月第1次印刷

标准书号 ISBN 978-7-5722-8812-8

定价 69.00元

人啊，认识你自己！